Analyse des Betriebsverhaltens von Kugelgewindetrieben unter statischen axialen Betriebslasten

Analysis of the Operating Behavior of Ball Screws under Static Axial Operational Loads

Von der Fakultät für Maschinenwesen
der Rheinisch-Westfälischen Technischen Hochschule Aachen
zur Erlangung des akademischen Grades eines
Doktors der Ingenieurwissenschaften
genehmigte Dissertation

vorgelegt von

Bastian Eßer

Berichter:

Univ.-Prof. Dr.-Ing. Christian Brecher
Univ.-Prof. Dr.-Ing. Jürgen Fleischer

Tag der mündlichen Prüfung: 22. Dezember 2021

ERGEBNISSE AUS DER PRODUKTIONSTECHNIK

Bastian Eßer

Analyse des Betriebsverhaltens von Kugelgewindetrieben unter statischen axialen Betriebslasten

Herausgeber:
Prof. Dr.-Ing. T. Bergs
Prof. Dr.-Ing. Dipl.-Wirt. Ing. G. Schuh
Prof. Dr.-Ing. C. Brecher
Prof. Dr.-Ing. R. H. Schmitt

Band 17/2022

WZL | RWTH AACHEN UNIVERSITY

Fraunhofer IPT

Bibliografische Information der Deutschen Nationalbibliothek
Die Deutsche Nationalbibliothek verzeichnet diese Publikation in der Deutschen Nationalbibliografie; detaillierte bibliografische Daten sind im Internet über https://portal.dnb.de abrufbar.

Bastian Eßer:

Analyse des Betriebsverhaltens von Kugelgewindetrieben unter statischen axialen Betriebslasten

1. Auflage, 2022

Gedruckt auf holz- und säurefreiem Papier, 100% chlorfrei gebleicht.

Apprimus Verlag, Aachen, 2022
Wissenschaftsverlag des Instituts für Industriekommunikation und Fachmedien
an der RWTH Aachen
Steinbachstr. 25, 52074 Aachen
Internet: www.apprimus-verlag.de, E-Mail: info@apprimus-verlag.de

Druck: CPI Druckdienstleistungen GmbH, Ferdinand-Jühlke-Straße 7 I 99095 Erfurt

ISBN 978-3-98555-065-4

D 82 (Diss. RWTH Aachen University, 2021)

Danksagung

Die vorliegende Arbeit entstand während meiner Zeit als wissenschaftlicher Mitarbeiter am Lehrstuhl für Werkzeugmaschinen am Werkzeugmaschinenlabor WZL der RWTH Aachen in der Abteilung Maschinenuntersuchung. Neben der Betreuung von Studenten und Lehrveranstaltungen bildeten die zahlreichen Industrieprojekte sowie die wissenschaftliche Arbeit Schwerpunkte meiner Tätigkeit. Beide Zweige lieferten wesentliche Erfahrungen und Motivation für die Erstellung dieser Arbeit.

Für seine Unterstützung, Förderung und Forderung sowie die wertvollen Anregungen bei der Erstellung dieser Arbeit gilt meinem Doktorvater, Herrn Professor Dr.-Ing. Christian Brecher, mein besonderer Dank. Zudem bedanke ich mich bei Herrn Professor Dr.-Ing. Jürgen Fleischer für die Übernahme des Koreferats, die ausführliche Prüfung der Arbeit sowie die getätigte konstruktive Kritik. Herrn Professor Schleifenbaum danke ich für die Übernahme des Vorsitzes des Promotionsverfahrens.

Den Kollegen am Institut, dem Technikerteam, den Mitarbeitern der Werkstatt und den ehemaligen wie aktuellen Mitarbeitern der Gruppe Maschinenelemente danke ich für ihre Unterstützung, Hilfsbereitschaft und Freundschaft. Das Arbeiten in dieser Gruppe war ein Privileg und eine große Freude. Insbesondere danke ich Frau Maria Hildebrand und Herrn Jens Falker für den intensiven fachlichen Austausch und die vielen freudigen Büromomente sowie Herrn Florian Kneer für die anregenden Diskussionen rund um das runde Leder. Bei Herrn Guido Müller und Herrn Axel Kaunzner bedanke ich mich für die Hilfestellung bei der experimentellen Versuchsdurchführung. Den Oberingenieuren Marcel Fey und Stephan Neus danke ich für die umfassende Unterstützung sowie die konstruktive Durchsicht meiner Arbeit. Einen besonderen Dank möchte ich Herrn Türker Yagmur aussprechen, ohne dessen Zutun mein beruflicher Werdegang anders verlaufen wäre.

Meine zahlreichen studentischen Hilfskräfte, Bachelor- und Masterarbeiter haben alle zum Erfolg dieser Arbeit beigetragen, Ihnen gilt mein Dank. Besonders bedanken möchte ich mich bei meinem langjährigen HiWi und späteren Kollegen Thomas Frenken sowie meiner HiWine Galina Fölster.

In besonderem Maße bedanke ich mich bei meinen Eltern, die mich seit meiner Kindheit ermutigten, meine Ziele zu verfolgen und mich auch unterstützten, wenn es mal nicht so gut lief. Meiner gesamten Familie sowie meinen Freunden Michael und Werner danke ich für die erfahrene größtmögliche private Unterstützung.

Den größten Dank möchte ich meiner Frau Sarah und unseren Kindern Leonard und Vincent aussprechen, die viele Wochenenden allein verbracht haben, sich jedoch niemals beschwerten und immer verständnisvoll waren. Ohne Ihre Unterstützung, Geduld, Motivation und Inspiration wäre die Erstellung der Arbeit nicht möglich gewesen.

Zusammenfassung

Kugelgewindetriebe dienen vornehmlich der Wandlung einer rotatorischen Antriebs- in eine translatorische Abtriebsbewegung. Sie zählen zu den wichtigsten Hauptkomponenten mechanischer Vorschubantriebe in Werkzeugmaschinen und anderen Produktionsanlagen. Bedingt durch die positiven mechanischen Eigenschaften, wie den hohen Wirkungsgrad sowie die geringe Reibung, finden Kugelgewindetriebe in zunehmendem Maße Verwendung in weiteren Applikationen, wie der Luftfahrt oder der Fahrzeugtechnik.

Kugelgewindetriebe stehen im Zentrum verschiedener wissenschaftlicher Arbeiten. Oftmals ist die Analyse der Komponentenlebensdauer und -gebrauchsdauer im Fokus des Interesses. Verschiedene wissenschaftliche Arbeiten untersuchen auch das Betriebsverhalten von Kugelgewindetrieben. Das vollständige Verständnis des Betriebsverhaltens, also das Deformationsverhalten der KGT-Spindel und KGT-Mutter sowie die in den einzelnen Wälzkontakten auftretenden Phänomene unter Belastung, ist derzeitig nicht vollständig vorhanden.

Die vorliegende Arbeit stellt zunächst ein mathematisches Berechnungsmodell zur Analyse des Betriebsverhaltens von Kugelgewindetrieben unter statischen axialen Lasten vor. Innerhalb des mathematischen Modells sind das elastische Verformungsverhalten der KGT-Spindel und KGT-Mutter unter Lasteinwirkung ebenso wie die im Kontakt der Kugeln zu den Gewindelaufbahnen auftretenden Phänomene berücksichtigt. Hierzu approximiert das Berechnungsmodell die KGT-Spindel und KGT-Mutter mittels der Methode der Finiten Elemente als Balkenelemente. Das Balkenmodell wird dann mit einem analytisch-numerischen Kontaktmodell für jeden Einzelwälzkontakt zwischen den Kugeln und den Gewindelaufbahnen der KGT-Spindel und KGT-Mutter gekoppelt, woraus eine ganzheitliche Betrachtung des Betriebsverhaltens für den analysierten Lastfall resultiert. Anschließend wird die Güte des entwickelten Berechnungsmodells mittels experimenteller Untersuchungen des Kraft-Verlagerungsverhaltens von sechs Kugelgewindetrieben mit unterschiedlichen Eigenschaften analysiert. Hierfür wird eine Erweiterung der standardisierten Messmethode vorgestellt. Abschließend wird die Einflussnahme der Geometrie und anderer Einstellgrößen des Kugelgewindetriebs auf dessen Betriebsverhalten betrachtet. Hierzu wird das Betriebsverhalten von Kugelgewindetrieben, unter Anwendung des vorgestellten Berechnungsmodells, für abweichende Geometrien und Vorspannungen vorgestellt.

Mittels der vorgestellten inhaltlichen Schwerpunkte leistet die vorliegende Arbeit einen Beitrag zur Erweiterung des theoretischen Verständnisses des Betriebsverhaltens von Kugelgewindetrieben. Das vorgestellte Berechnungsmodell ermöglicht die detaillierte Analyse des elastischen Verformungsverhaltens von KGT-Spindel und KGT-Mutter sowie die Analyse jedes Einzelwälzkontaktes. Die experimentellen Untersuchungen ergänzen die theoretischen Betrachtungen und erweitern die bekannten Methoden.

Summary

Ball screws are primarily used to convert a rotary drive movement into a translational output movement. They are among the most important main components of mechanical feed drives in machine tools and other production systems. Due to the positive mechanical properties, such as the high degree of efficiency and the low friction, ball screws are increasingly being used in other applications such as aviation or vehicle technology.

Ball screws are in the focus of various scientific works. The analysis of the component lifetime and the component service life is often the focus of interest. Various scientific papers also investigate the operating behavior of ball screws. A complete understanding of the operating behavior, i.e. the deformation behavior of the ball screw spindle and ball screw nut as well as the phenomena occurring in the individual rolling contacts under load, is currently not completely available.

The present thesis first presents a mathematical calculation model for the analysis of the operating behavior of ball screws under static axial loads. Within the mathematical model, the elastic deformation behavior of the ball screw spindle and ball screw nut under the effect of load as well as the phenomena occurring in the contact between the balls and the thread raceways are considered. For this purpose, the calculation model approximates the ball screw spindle and the ball screw nut using the finite element method as beam elements. The beam model is then coupled with an analytical-numerical contact model for each individual rolling contact between the balls and the thread raceways of the ball screw spindle and ball screw nut, resulting in a holistic view of the operating behavior for the load case being analyzed. Then the quality of the developed calculation model is analyzed by means of experimental investigations of the force-displacement behavior of six ball screws with different properties. For this purpose, an extension of the standardized measuring method is presented. Finally, the influence of the geometry and other influences of the ball screw on its operating behavior is considered. For this purpose, the operating behavior of ball screws, using the presented calculation model, is presented for deviating geometries and preloads.

By means of the main topics presented, the present work contributes to the expansion of the theoretical knowledge of the operating behavior of ball screws. The presented calculation model enables the detailed analysis of the elastic deformation behavior of the ball screw spindle and the ball screw nut as well as the analysis of each individual rolling contact. The experimental investigations complement the theoretical considerations and expand the known methods.

Inhaltsverzeichnis

Content

1 Einleitung 1

2 Stand der Technik in Forschung und Industrie 5

2.1 Einsatzgebiete von Kugelgewindetrieben 5
2.2 Allgemeiner Aufbau von Kugelgewindetrieben 8
2.3 Funktionsweise von Kugelgewindetrieben 10
2.3.1 Geometrie von Kugelgewindetrieben 10
2.3.2 Vorspannung und Kontaktmechanismen 13
2.3.3 Kugelrückführsysteme 19
2.3.4 Wälzbewegung, Reibung und Verschleiß 21
2.4 Analysemethoden und Berechnungsmodelle für Kugelgewindetriebe 24
2.4.1 Modelle zur Beschreibung des Betriebsverhaltens von Kugelgewindetrieben 24
2.4.2 Lebensdauertheorie nach DIN ISO 3408-5 28
2.5 Fazit zum Stand der Technik und Forschungsbedarf 30

3 Zielsetzung und Vorgehen 33

4 Berechnung des Betriebsverhaltens von Kugelgewindetrieben 35

4.1 Mathematisches Berechnungsmodell des Betriebsverhaltens von Kugelgewindetrieben 35
4.1.1 Beschreibung der Kugelanordnung in Kugelgewindetrieben 42
4.1.2 Analytisch-numerisches Berechnungsmodell des Kugel-Gewindelaufbahn-Kontaktes 48
4.1.3 Finite Elemente Berechnungsmodell der KGT-Spindel und KGT-Mutter 59
4.1.4 Berechnungsablauf 62
4.2 Zwischenfazit 65

5 Untersuchung des Betriebsverhaltens von Kugelgewindetrieben 67

5.1 Untersuchung des Betriebsverhaltens von Kugelgewindetrieben unter externer Axialkraft 67
5.1.1 Untersuchungsaufbau zur experimentellen Bestimmung des Kraft-Verlagerungsverhaltens vorgespannter Kugelgewindetriebe unter externer Axialkraft 68
5.1.2 Analyse des Kraft-Verlagerungsverhaltens vorgespannter Kugelgewindetriebe unter externer Axialkraft 72
5.1.3 Analyse des Kraft-Verlagerungsverhaltens nicht-vorgespannter Kugelgewindetriebe unter externer Axialkraft 91
5.1.4 Experimentelle Bestimmung der radialen Deformation der KGT-Mutter 95

5.2 Zwischenfazit 99

6 Analyse der Einflussfaktoren auf das Betriebsverhalten von Kugelgewindetrieben 101

6.1 Analyse der Einflüsse der Konstruktionsgrößen auf das Betriebsverhalten von Kugelgewindetrieben 101

6.1.1 Analyse des Geometrieeinflusses der KGT-Spindel und KGT-Mutter auf das Betriebsverhalten von Kugelgewindetrieben 102

6.1.2 Analyse des Einflusses der Wälzkontaktgeometrie auf das Betriebsverhalten von Kugelgewindetrieben 105

6.1.3 Analyse des Einflusses der Vorspannung auf das Betriebsverhalten von Kugelgewindetrieben 129

6.2 Zwischenfazit 134

7 Zusammenfassung und Ausblick 137

Literaturverzeichnis 145

Anhang 151

Formelzeichen und Abkürzungsverzeichnis

Formula symbols and abbreviations

Großbuchstaben

Capital letters

Zeichen *Symbol*	Einheit *Unit*	Benennung *Description*	
A	[-]	Kontaktkörper A	*Contact body A*
A_b	mm²	Fläche des Balkenelements	*Beam area*
$A_{\mathrm{S},n}$	mm²	Scheibengrundfläche	*Disk area*
B	[-]	Kontaktkörper B	*Contact body B*
$[C]$	Ns/m	Dämpfungsmatrix	*Damping matrix*
C_a	N	Dynamische Tragzahl	*Dynamic load capacity*
D_G^IR	mm	Gewindegrunddurchmesser KGT-Spindel	*Spindle thread root diameter*
D_G^OR	mm	Gewindegrunddurchmesser KGT-Mutter	*Ball nut thread root diameter*
$D_\mathrm{IR,A}$	mm	Außendurchmesser KGT-Spindel	*Spindle outer diameter*
$D_\mathrm{IR,I}$	mm	Innendurchmesser KGT-Spindel	*Spindle inner diameter*
D_M^IR	mm	Gewindegrunddurchmesser KGT-Spindel (gemessen)	*Thread root diameter of spindle (measured)*
D_M^OR	mm	Gewindegrunddurchmesser KGT-Mutter (gemessen)	*Thread root diameter of ball nut (measured)*
$D_\mathrm{OR,A}$	mm	Außendurchmesser KGT-Mutter	*Ball nut outer diameter*
$D_\mathrm{OR,I}$	mm	Innendurchmesser KGT-Mutter	*Ball nut inner diameter*
$D_\mathrm{pw,nom}$	mm	Nominaler Kugelmittenkreis-durchmesser	*Nominal pitch diameter*
D_pw	mm	Kugelmittenkreisdurchmesser	*Pitch diameter*
D_w	mm	Kugeldurchmesser	*Ball diameter*
E	N/mm²	E-Modul	*Young's modulus*

E'	N/mm²	Reduzierter E-Modul	*Reduced YOUNG'S modulus*
F_{ax}	N	Axialkraft	*External axial load*
F_F	N	Fliehkraft	*Centrifugal force*
F_{grenz}	N	Grenzkraft	*Boundary force*
F_L	N	Lateralkraft	*Lateral force*
F_{lim}	N	Grenzkraft in axialer Richtung	*Force limit in axial direction*
F_m	N	Äquivalente dynamische axiale Belastung	*Equivalent dynamic axial load*
F_N	N	Kontaktnormalkraft	*Contact normal force*
F_Q	N	Kontaktnormalkraft nach HERTZ	*Contact normal force according to HERTZ*
F_R	N	Kontaktradialkraft	*Contact radial force*
$F_{VB,init}$	N	Initiale Vorspannkraft	*Initial preload*
$F_{VB,q}$	N	Reaktionskräfte der Verbindungselemente	*Connecting element reaction force*
F_V	N	Vorspannkraft	*Preload*
F_i	N	Kraft	*Force*
F_z	N	Kugelaxialkraft	*Axial contact force*
$\{F\}$	N	Kraftvektor	*Force vector*
G	N/mm²	Schubmodul	*Shear modul*
H	mm	Hilfsgröße	*auxiliary variable*
I	mm⁴	Flächenträgheitsmoment	*Moment of Inertia*
$[K]$	N/mm, Nm/rad	Steifigkeitsmatrix	*Stiffness matrix*
$[K_B]$	N/mm, Nm/rad	Kugelsteifigkeitsmatrix	*Stiffness matrix roller*
$[K_b]$	N/mm, Nm/rad	Steifigkeitsmatrix eines Balkenelements	*Stiffness matrix beam*
K_{GL}	N/mm	Gewindelaufbahnkontakt-steifigkeit	*Thread contact stiffness*
K_{HK}^{-1}	N/mm	Halbkugelsteifigkeit	*Hemisphere stiffness*
$[K_K]$	N/mm, Nm/rad	Knotensteifigkeitsmatrix	*Stiffness matrix node*

$[K_{K,ges}]$	N/mm, Nm/rad	Gesamtsteifigkeitsmatrix eines Balkens	*Beam stiffness matrix*
$K_{S,n}$	N/mm	Scheibensteifigkeit	*Disk stiffness*
K_x	N/mm	Hauptsteifigkeit in x-Richtung	*Direct stiffness in x-direction*
K_y	N/mm	Hauptsteifigkeit in y-Richtung	*Direct stiffness in y-direction*
K_z	N/mm	Hauptsteifigkeit in z-Richtung	*Direct stiffness in z-direction*
K_{φ_x}	Nm/rad	Hauptsteifigkeit in φ_x-Richtung	*Direct stiffness in φ_x-direction*
K_{φ_y}	Nm/rad	Hauptsteifigkeit in φ_y-Richtung	*Direct stiffness in φ_y-direction*
K_{φ_z}	Nm/rad	Hauptsteifigkeit in φ_z-Richtung	*Direct stiffness in φ_z-direction*
K_{x,φ_z}	N/rad	Kreuzsteifigkeit von x zu φ_z	*Cross stiffness from x to φ_z*
$K_{\varphi_z,x}$	Nm/mm	Kreuzsteifigkeit von φ_z zu x	*Cross stiffness from φ_z to x*
K_{VB}	N/mm, Nm/rad	Steifigkeit eines Verbindungselements	*Stiffness*
L	mm	Scheibenlänge	*Slice length*
L_{nom}	1/min	Nominale Lebensdauer	*Nominal life*
L_{WB}	mm	Wälzbereichslänge	*Length of rolling contact zone*
$[M]$	kg	Masseeigenschaften	*Mass properties*
$P_{B,k}$	mm	Kartesischer Kugelpositionsvektor	*Cartesian ball position vector*
$P_{B,p}$	°, mm	Polarer Kugelpositionsvektor	*Polar ball position vector*
$P_{h,B}$	mm	Kugelmittelpunktabstand	*Ball center distance*
P_h	mm	Gewindesteigung	*Lead*
Θ	°	Auslenkwinkel	*Deflection angle*
Ψ	°	Teilungswinkel	*Angular pitch*

Kleinbuchstaben

Lowercase letters

Zeichen	**Einheit**	**Benennung**
Symbol	*Unit*	*Description*

a	mm	Länge der Haupthalbachse	*Length of major semi-axis*
a_{Hertz}	[-]	Beiwert HERTZ	*HERTZ coefficient*
b		Länge der Nebenhalbachse	*Length of minor semi-axis*
b_{Hertz}	[-]	Beiwert HERTZ	*HERTZ coefficient*
d_0	mm	Nenndurchmesser	*Nominal diameter*
f_i	[-]	Schmiegung	*Conformity*
h_{S}	mm	Randabstand	*Disk edge distance*
h	mm	Balkenhöhe	*Beam hight*
i	[-]	Umlaufanzahl	*Circulation number*
l	mm	Balkenlänge	*Beam length*
m_{B}	kg	Kugelmasse	*Ball mass*
n_{Kugel}	[-]	Kugelanzahl	*Number of rolling elements*
n_{S}	[-]	Scheibe	*Disk*
p	MPa	Pressung	*pressure*
p_{a}	MPa	Außendruck	*Outer pressure*
p_{i}	MPa	Innendruck	*Inner pressure*
$\{q\}$	mm	Knotenverschiebung	*Node displacement*
$\{\dot{q}\}$	mm/s	Knotengeschwindigkeit	*Node velocity*
$\{\ddot{q}\}$	mm/s^2	Knotenbeschleunigung	*Node acceleration*
q_{B}	mm, rad	Kugelverschiebung	*Ball displacement*
q_{GL}	mm	Gewindelaufbahn-verschiebung	*Thread displacement*
$q_{\mathrm{K,rel}}$	mm	Relative Knotenverschiebung	*Relative node displacement*
r	mm	Radius	*Radius*
$r_{h_{\mathrm{S}}}$	mm	Scheibenradius	*Disk radius*
$r_{\mathrm{A,i}}$	mm	Radius Körper A	*Radius of body A*
r_{a}	mm	Außenradius	*Outer radius*
$r_{\mathrm{B,i}}$	mm	Radius Körper B	*Radius of body B*
$r_{\mathrm{G}}^{\mathrm{IR}}$	mm	Gewinderadius KGT-Spindel	*Thread radius spindle*
$r_{\mathrm{G}}^{\mathrm{OR}}$	mm	Gewinderadius KGT-Mutter	*Thread radius ball nut*
r_{i}	mm	Innenradius	*Inner radius*

r_n	mm	Gewindelaufbahnradius KGT-Mutter	*Thread radius ball nut*
r_s	mm	Gewindelaufbahnradius KGT-Spindel	*Thread radius spindle*
r_i	mm	Gewindelaufbahnradius	*Thread radius*
$t_{W,M}$	mm	Wandstärke KGT-Mutter	*Ball nut thickness*
$u(r)$	mm	Radialverschiebung	*Radial displacement*
w	mm	Radialer Kugelabstand	*Radial ball distance*
x_i	mm	x-Koordinate einer Kugel i	*Ball i x-coordinate*
y_i	mm	y-Koordinate einer Kugel i	*Ball i y-coordinate*
z_i	mm	z-Koordinate einer Kugel i	*Ball i z-coordinate*
α_i	°	Kontaktwinkel einer Kugel i	*Ball i contact angle*
β_i	°	Hilfswinkel	*auxiliary angle*
δ_{Hertz}	[-]	Beiwert HERTZ	*HERTZ coefficient*
θ_a	°	Halbellipsenwinkel	*Half ellipse angle*
θ_A	°	Abschneidewinkel	*Truncation angle*
θ_g	°	Gewindelaufbahn-schulterwinkel	*Thread shoulder angle*
τ_x	°	Gierwinkel	*Yaw angle*
τ_y	°	Wälzwinkel	*Rolling angle*
ω_B	s^{-1}	Kugel Winkelgeschwindigkeit	*Ball angular velocity*
Δy_L^i	mm	Verschiebung in y-Richtung	*Displacement in y-direction*
Δz^i	mm	Verschiebung in z-Richtung	*Displacement in z-direction*
γ	°	Hilfswinkel	*Support angle*
$\Delta\gamma_a$	°	Kugelaustrittswinkel	*Ball exit angle*
$\Delta\gamma_e$	°	Kugeleintrittswinkel	*Ball entry angle*
Δi	[-]	Reduzierte Umlaufanzahl	*Reduced circulation number*
ρ	1/mm	Krümmung	*Curvature*
δ	mm	Verlagerung	*Deformation*
η	[-]	Wirkungsgrad	*Efficiency*
ς	°	Schubwinkel	*Shear angle*

υ	[-]	Querkontraktionszahl	*POISSON´S ratio*
φ	°	Steigungswinkel	*Lead angle*
ϕ	°	Verschiebewinkel	*Displacement angle*
ϱ	[-]	Radien Verhältnis	*Radi ratio*

Indizes

Index

Index *Indices*	**Benennung** *Description*	
A	Außen	*Outer*
A	Körper A	*Body A*
A	Abschneidung	*Truncation*
B	Kugel	*Ball*
b	Balken	*Beam*
B	Körper B	*Body B*
G	Gewindegrund	*Thread root*
GL	Gewindelaufbahn	*Thread*
HK	Halbkugel	*Hemisphere*
I	Innen	*Inner*
IR	KGT-Spindel	*Spindle*
K	Knoten	*Node*
M	Gemessen	*Measured*
OR	KGT-Mutter	*Ball nut*
S	Scheibe	*Disk*
VB	Verbindungselement	*Connecting element*
WB	Wälzbereich	*Rolling contact zone*

Abkürzungen

Abbreviations

Abkürzung *Abbreviation*	**Benennung** *Description*	
4P	4-Punkt-Kontakt	*4-point-contact*
DFG	Deutsche Forschungsgemeinschaft	*German Research Foundation*
DMS	Dehnungsmessstreifen	*Strain gauge*
EHD	Elasto-hydrodynamisch	*Elastohydrodynamic*
E-Modul	Elastizitätsmodul	*Young's modulus*
FE	Finite Elemente	*Finite element*
FEM	Finite Elemente Methode	*Finite element method*
GL	Gewindelaufbahn	*Thread raceway*
KGT	Kugelgewindetrieb	*Ball screw*
KOS	Koordinatensystem	*Coordinate system*
LKW	Lastkraftwagen	*Lorry*
LVDT	Differentialtransformer	*Linear Variable Differential Transformer*
PKW	Personenkraftwagen	*Passenger cars*
TCO	Gesamtkosten des Betriebs	*Total Cost of Ownership*
WZM	Werkzeugmaschine	*Machine Tool*

1 Einleitung

Introduction

In Vorschubachsen moderner Werkzeugmaschinen, wie auch in anderen Produktionsanlagen, gehören Kugelgewindetriebe zu den zentralen Kernkomponenten. Bedingt durch die immer weiter zunehmenden Leistungsanforderungen zur Vergrößerung der Einsatzmöglichkeiten und Steigerung der Produktivität, aber auch durch die im Rahmen von Industrie 4.0 zunehmende Digitalisierung in Produktionsanlagen, gewinnt die detaillierte Kenntnis des Betriebsverhaltens der Komponenten, d. h. deren Reaktion auf einwirkende Lasten, für Anwender und Hersteller zunehmend an Bedeutung.

Die Optimierung von Kugelgewindetrieben, wie sie zur Steigerung der Maschinen- und Applikationsperformance notwendig ist, erfordert ein detailliertes und weitreichendes Verständnis des Gesamtsystems sowie der interagierenden Teilsysteme.

Zudem erfordert die Umsetzung von Lösungen im Rahmen von Industrie 4.0, beispielsweise die Schaffung eines digitalen Zwillings oder Schattens [BREC17b], die Entwicklung differenzierter Komponentenmodelle, welche das Betriebsverhalten von Kugelgewindetrieben verlässlich und mit hoher Genauigkeit nachbilden und eine Echtzeitbewertung des Komponentenzustands ermöglichen.

Industrielle und universitäre Forschungsarbeiten verfolgen das Ziel der weiteren Steigerung der Leistungsfähigkeit von Kugelgewindetrieben sowie der fortlaufenden Erweiterung der Einsatzbereiche der Komponenten. Zur Beschreibung des Betriebsverhaltens sind insbesondere das Kraft-Verlagerungsverhalten sowie das Reibungsverhalten der Komponenten wesentlich.

Auf experimenteller Ebene ermöglichen die standardisierten Untersuchungsmethoden nach [DIN11b] derzeit nur eine eingeschränkte Bewertung des Betriebsverhaltens von Kugelgewindetrieben.

Auf Berechnungsebene ist das Betriebsverhalten von Kugelgewindetrieben in unterschiedlichen Arbeiten gezielt für spezielle Einsatzgebiete untersucht worden. In der Vergangenheit wurden sowohl analytische Analysen wie auch solche auf Basis der Methode der Finiten Elemente (FEM) durchgeführt, um das Betriebsverhalten zu beschreiben. Die Wechselwirkung zwischen den im Kontakt der Kugeln mit den Gewindelaufbahnen auftretenden Phänomenen und dem elastischen Deformationsverhalten der KGT-Spindel und der KGT-Mutter der Kugelgewindetriebe ist jedoch in den Betrachtungen nicht ausreichend berücksichtigt.

Gegenstand dieser Arbeit ist die Untersuchung und Analyse des Betriebsverhaltens von Kugelgewindetrieben unter statischen axialen Betriebskräften. Die Arbeit fokussiert auf die Erweiterung der experimentellen Untersuchungs- sowie Berechnungsmethoden. Experimentell ist vordergründig die Untersuchung des elastischen Deformationsverhaltens von Kugelgewindetrieben unter statischen axialen Betriebskräften thematisiert. Auf Berechnungsebene ist ein mathematisches Modell, welches insbesondere die Wechselwirkungen der benannten Teilbereiche und deren Wirkzusammenhänge einschließt, behandelt.

Teile dieser Arbeit wurden im Rahmen des von der Deutschen Forschungsgemeinschaft (DFG) geförderten Sonderforschungsbereichs „Thermo-energetische Gestaltung von Werkzeugmaschinen" im Projektbereich B03 „Komponenten- und Baugruppenuntersuchungen" erarbeitet und vorab in [BREC18a] veröffentlicht.

Introduction

In the feed axes of modern machine tools, as well as in other production systems, ball screws are among the central components. Due to the increasing performance requirements to increase the application possibilities and increase productivity, but also due to the increasing digitalization in production plants in the context of Industry 4.0, the detailed knowledge of the operating behavior of the components is getting increasingly important for users and manufacturers.

The optimization of ball screws, as it is necessary to increase machine and application performance, requires a detailed understanding of the overall system and the interacting subsystems.

In addition, the implementation of solutions in the context of Industry 4.0, for example the creation of a digital twin or shadow [BREC17b], requires the development of differentiated component models that reproduce the operating behavior of ball screws reliably and with high accuracy and enable real-time evaluation of the component status.

Industrial and university research pursues the goal of further increasing the performance of ball screws and the continuous expansion of the areas of application of the components. In order to describe the operating behavior, the force-displacement behavior and the friction behavior of the components are particularly important.

At the experimental level, the standardized investigation methods according to [DIN11b] currently only allow a limited evaluation of the operating behavior of ball screws.

At the calculation level, the operating behavior of ball screws has been investigated in various works specifically for special areas of application. In the past, analytical analyzes as well as those based on the finite element method (FEM) were carried out to describe the operating behavior. The interaction between the phenomena occurring in the contact between the balls and the thread raceways and the elastic deformation behavior of the ball screw spindle and the ball screw nut is not sufficiently considered.

The subject of this thesis is the investigation and analysis of the operating behavior of ball screws under static axial operating forces. The work focuses on expanding the experimental investigation and calculation methods. Experimentally, the investigation of the elastic deformation behavior of ball screws under static axial operating forces is the main topic. At the calculation level, a model is thematized, which in particular includes the interactions between the named sub-areas and their causal relationships.

Parts of this work were developed within the framework of the special research area „Thermoenergetische Gestaltung von Werkzeugmaschinen“ funded by the German Research Foundation (DFG) in the project area B03 „Komponenten- und Baugruppenuntersuchungen“ and published in advance in [BREC18a].

2 Stand der Technik in Forschung und Industrie

State of the Art in Research and Industry

In diesem Kapitel ist der für die Arbeit zugrunde gelegte Stand der Technik in Forschung und Industrie aufgeführt. Thematisiert werden der Aufbau sowie die Einsatzgebiete von Kugelgewindetrieben. Des Weiteren werden die Funktionsweise der Komponenten sowie bekannte Berechnungs- und Analysemethoden vorgestellt.

2.1 Einsatzgebiete von Kugelgewindetrieben

Fields of application of ball screws

Kugelgewindetriebe sind in modernen Werkzeugmaschinen die am häufigsten eingesetzten Vorschubantriebe zur Wandlung einer rotatorischen Antriebsbewegung in eine translatorische Abtriebsbewegung. Insbesondere die sehr hohe Positionier- und Wiederholgenauigkeit, die hohe axiale Steifigkeit, die hohe Lebensdauer und Stick-Slip Freiheit sowie der hohe Wirkungsgrad zählen zu den Vorteilen von Kugelgewindetrieben [BREC02]. Um die geforderte Positionier- und Wiederholgenauigkeit zu erzielen, sind Kugelgewindetriebe in Werkzeugmaschinen Vorschubachsen vorgespannt und spielfrei ausgeführt (vgl. Kapitel 2.3.2) [HABE98]. Neben der hohen Präzision qualifizieren die günstigen Reibungsverhältnisse Kugelgewindetriebe für die Verwendung in Werkzeugmaschinen Vorschubachsen. Ausfälle der Komponenten verursachen, durch die notwendige Neuanschaffung und den Austausch sowie den damit einhergehenden Produktionsausfall, hohe Kosten. Bild 2.1 zeigt eine WZM in Kreuzbettbauweise; anhand dieser ist exemplarisch der Aufbau linearer Vorschubachsen in Werkzeugmaschinen illustriert. Im gezeigten Beispiel sind die KGT-Spindeln der einzelnen Achsen wälzgelagert und angetrieben, motorseitig ist ein Festlager verbaut. Die KGT-Mutter ist mit dem Maschinentisch oder -schlitten verbunden und verdrehgesichert. Als Reaktion auf eine Rotation der KGT-Spindel verfährt die KGT-Mutter mit den angeflanschten Strukturbauteilen axial entlang der linearen Führungselemente.

Grundsätzlich sollen Kugelgewindetriebe in Werkzeugmaschinen möglichst ausschließlich durch axiale externe Kräfte belastet werden, da radial wirkende Kräfte mit einer Steigerung des Reibungs- wie Verschleißverhaltens und somit einer Reduktion der erwarteten Lebens- wie Gebrauchsdauer einhergehen. Um eine möglichst axiale Belastung zu erzielen, kommen unterschiedliche Linearführungssysteme zum Einsatz, welche den Maschinentisch oder -schlitten in seinen radialen Bewegungsrichtungen abstützen und alle Bewegungsrichtungen mit Ausnahme der axialen sperren [BREC17a].

In Werkzeugmaschinen ist mehrheitlich die KGT-Spindel wälzgelagert und mittels eines Motors angetrieben. Für den Betrieb von Kugelgewindetrieben mit angetriebener Spindel ist die erreichbare Rotationsgeschwindigkeit durch die biegekritische Drehzahl limitiert, diese Drehzahl entspricht der ersten Biegefrequenz der KGT-Spindel. Ein

Betrieb des Kugelgewindetriebs bei oder oberhalb der biegekritischen Drehzahl kann den Kugelgewindetrieb beschädigen und zum Ausfall der Komponente führen. Die biegekritische Drehzahl wird durch die Geometrie der KGT-Spindel sowie deren Lagerung bestimmt. Variationen dieser Parameter haben eine Erhöhung oder Reduzierung zur Folge [GOLZ90]. Wird die KGT-Mutter rotatorisch angetrieben, verfährt die KGT-Spindel translatorisch. Hierdurch lassen sich weit höhere Rotationsgeschwindigkeiten abdecken, da die biegekritische Drehzahl entfällt [AMAN19]. Neben der biegekritischen Drehzahl beeinträchtigt der Drehzahlkennwert die zulässige Drehzahl von Kugelgewindetrieben. Der Drehzahlkennwert berechnet sich durch Multiplikation des Nenndurchmessers mit der Drehzahl. Der zulässige Grenzwert ist herstellerabhängig.

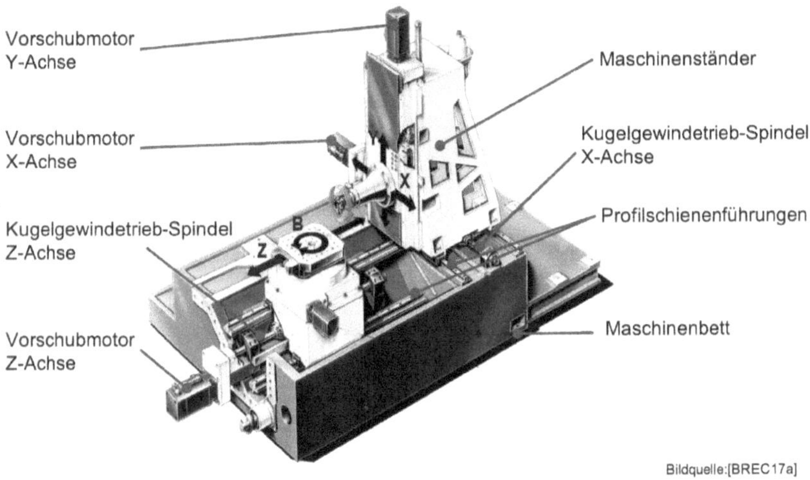

Bild 2.1: Werkzeugmaschinen Vorschubachsen mit Kugelgewindetrieb, nach [BREC17a]
Machine Tool feed drives with ball screws

Bei der Lagerung der KGT-Spindel werden, in Abhängigkeit der Länge sowie des Einsatzbereiches, unterschiedliche Lagerkonzepte angewandt. So finden die Konzepte „fest-los", „fest-fest" und „fest-frei" Verwendung, wobei „fest-los" häufig eingesetzt ist [BREC17a]. Bei der Anordnung der Wälzlager ist vielfach das motorseitige Wälzlager als Festlager ausgeführt. Die Lagerkonzepte „fest-los" und „fest-frei" erlauben es, thermische Dehnungseffekte sowie weitere axiale Zusatzverschiebungen der KGT-Spindel zuzulassen, ohne zusätzliche Zwangskräfte in das System einzuleiten. Beim Lagerkonzept „fest-fest" verursachen axiale Zusatzverschiebungen Zwangskräfte, was bei der Auslegung berücksichtigt werden muss. Jedoch weist das Lagerkonzept „fest-fest" eine höhere Gesamtsteifigkeit als die Lagerkonzepte „fest-los" oder „fest-frei" für jede Axialposition des Maschinentisches oder -schlittens auf [BREC17a].

Aufgrund ihrer positiven Eigenschaften werden Kugelgewindetriebe zunehmend auch in alternativen Anwendungsfeldern zur Werkzeugmaschine verwendet. So sind

Kugelgewindetriebe in elektromechanischen Lenksystemen für PKW- wie LKW-Anwendungen zur Lenkunterstützung eingesetzt [HARR13]. Je nach Aufbau des Lenksystems initiiert der Kugelgewindetrieb über eine direkte Verbindung mit den Spurstangen die Lenkbewegung dieser. Das vom Fahrer eingeleitete Drehmoment wird durch den Kugelgewindetrieb verstärkt und so die Lenkunterstützung generiert. Bild 2.2 zeigt ein Beispiel einer PKW-Lenkung mit Kugelgewindetrieb zur Lenkungsunterstützung. Die Spurstangen sind mit der KGT-Spindel über Kugelgelenke verbunden, sodass eine Linearbewegung der Spindel eine Verstellung des Reifenwinkels zur Folge hat, wodurch eine Richtungsänderung des bewegten Fahrzeugs hervorgerufen wird. Ein Drehmomentsensor misst das vom Fahrer eingeleitete Drehmoment und übergibt dieses an ein Steuergerät. Abhängig vom Lenkungstuning bringt der Motor ein Drehmoment zur Lenkungsverstärkung auf, welches über einen Riementrieb auf die KGT-Mutter übertragen wird und eine Rotation eben dieser hervorruft [HARR13]. Die KGT-Mutter ist ihrerseits im Gehäuse über eine Wälzlagerung, im gezeigten Beispiel handelt es sich um ein Vierpunktlager, rotativ gelagert. Das eingeleitete Drehmoment wird über die Rotation der KGT-Mutter in eine Linearbewegung der KGT-Spindel übersetzt, woraus die Fahrrichtungsänderung des Fahrzeugs resultiert [HARR13].

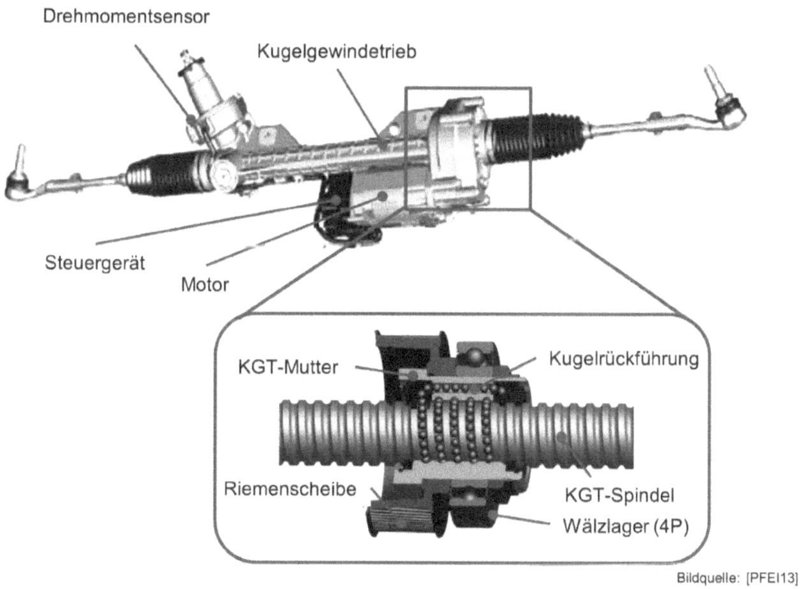

Bild 2.2: Kugelgewindetrieb in einer PKW-Lenkung
Automobile steering system with ball screw

Des Weiteren haben Kugelgewindetriebe in den vergangenen Jahren, motiviert durch ein gesteigertes Umwelt- und Energiebewusstsein, vermehrt an Bedeutung als

Ersatzsystem pneumatischer wie hydraulischer Aktuatoren gewonnen. Insbesondere pneumatische Linearantriebe im niedrigen Leistungsbereich werden zunehmend durch elektromechanische Linearaktuatoren mit Kugelgewindetrieben ersetzt. Die Potenziale zur Energieeinsparung sowie die Leistungsfähigkeit der in Konkurrenz stehenden Techniken wurden u. a. in [MERK16] untersucht. Um eine möglichst umfassende Beurteilung zu generieren, wurden zusätzlich zu den reinen Energieaufwänden während des Betriebs auch die Anschaffungs-, Einrichtungs-, Wartungs- und Entsorgungskosten in einer Total Cost Of Ownership (TCO) Analyse berücksichtigt. Die Bewertung des für den Betrieb notwendigen Energiebedarfs erfolgte durch einfache Hebeoperationen unterschiedlicher Massen bei variierenden Geschwindigkeiten. Hinsichtlich der erforderlichen Energiebedarfe zeigten die untersuchten elektromechanischen Linearaktuatoren deutliche Vorteile. Unter Einbeziehung der TCO-Merkmale wurden jedoch auch Vorteile der pneumatischen Linearaktuatoren, u. a. die signifikant geringeren Anschaffungskosten, identifiziert [MERK17].

Kugelgewindetriebe werden zudem in der Luft- und Raumfahrt u. a. zur Ventilsteuerung von Raketen [STEI19b] und zur Landeklappeneinstellung in Verkehrsflugzeugen eingesetzt. Im Segment der Luftfahrt untersuchte MÜNZIG zudem, inwieweit sich Kugelgewindetriebe als Taumelscheibenaktoren in Hubschraubern eignen. Aufbauend auf theoretischen und experimentellen Betrachtungen gestaltete MÜNZIG einen Kugelgewindetrieb für die Primärflugsteuerung eines Hubschraubers. [MÜNZ17].

Weitere Einsatzgebiete sind u. a. die Gebäudetechnik, hier finden Kugelgewindetriebe beispielsweise als Dämpfungssysteme bei Erdbeben Verwendung, sowie die Medizintechnik, in welcher Operationstische per Kugelgewindetrieb verstellt werden.

2.2 Allgemeiner Aufbau von Kugelgewindetrieben

General structure of ball screws

Kugelgewindetriebe gehören zu den Schrauben-Mutter-Systemen und ermöglichen die Umwandlung einer rotatorischen Antriebs- in eine translatorische Abtriebsbewegung ebenso wie die Umwandlung einer Linear- in eine Rotationsbewegung [DIN11a]. Während in einem Bewegungsgewinde, wie es bei Trapezgewindetrieben verwendet wird, die Gewindelaufbahnen der Spindel und Mutter direkt aufeinander abwälzen, werden diese in Kugelgewindetrieben durch Kugeln voneinander getrennt. Somit besitzen Kugelgewindetriebe ein verbessertes Reibungs- und Verschleißverhalten, welches in einer Steigerung der Leistungsfähigkeit mündet. Der erreichbare Wirkungsgrad η beträgt zwischen 95 % und 98 % [BREC02]. Zudem sind Kugelgewindetriebe in der Regel nicht selbsthemmend [BREC17a]. Unabhängig von ihrem Verwendungszweck sind Kugelgewindetriebe nahezu identisch aufgebaut, wobei sich die geometrischen Abmessungen, die Detailgestaltung der Einzelkomponenten sowie deren Toleranzen stark unterscheiden können. Nachfolgend werden der allgemeine Aufbau von Kugelgewindetrieben, deren Kinematik sowie Varianten der Vorspannung und Kugelrückführung vorgestellt.

Kugelgewindetriebe bestehen im Allgemeinen aus einer KGT-Spindel, einer oder mehreren KGT-Muttern sowie den Kugeln [DIN11a]. KGT-Spindel und KGT-Mutter sind mit Gewindelaufbahnen versehen und werden durch die Kugeln voneinander getrennt [BREC17a]. Die Flanken der Gewindelaufbahnen bilden eine Kugellaufbahn nach, um möglichst ideales Abwälzen der Kugeln zu erreichen. Beim Abwälzen auf den Gewindelaufbahnen der KGT-Spindel und KGT-Mutter weisen die Kugeln, u. a. hervorgerufen durch die Gewindesteigung, sowohl eine Tangential- als auch eine Umfangsbewegung auf [JABL08]. Bedingt durch die Reibung zwischen den Kugeln und den Gewindelaufbahnen vollziehen die Kugeln sowohl eine Rotation um die eigene Achse als auch eine Rotation um die Längsachse des Kugelgewindetriebs, woraus, aufgrund der Gewindesteigung, eine axiale Vorschubbewegung resultiert [BREC17a]. Der Verfahrweg je Umdrehung der KGT-Spindel relativ zur KGT-Mutter entspricht der Steigung des Gewindes [DIN11b]. Die Gewindelaufbahnen von KGT-Spindel und KGT-Mutter lassen sich als Rund- oder auch als gotisches Spitzbogenprofil ausführen (vgl. Bild 2.5), wobei mehrheitlich das Spitzbogenprofil verwendet ist [HABE98].

Je nach Verwendung werden verschiedene Bauarten von Kugelgewindetrieben unterschieden. Hinsichtlich der KGT-Mutter sind dies Einzelmutter-KGT, mit einer KGT-Mutter auf der KGT-Spindel, und Doppelmutter-KGT, mit zwei KGT-Muttern. Zudem werden ein- und mehrgängige Kugelgewindetriebe unterschieden, die Anzahl der Gänge beschreibt die Anzahl der eigenständigen Helices der KGT-Spindel und KGT-Mutter [BREC17a].

Bild 2.3 zeigt schematisch einen allgemeinen Aufbau sowie die Einzelkomponenten eines eingängigen Kugelgewindetriebs in Doppelmutterbauweise.

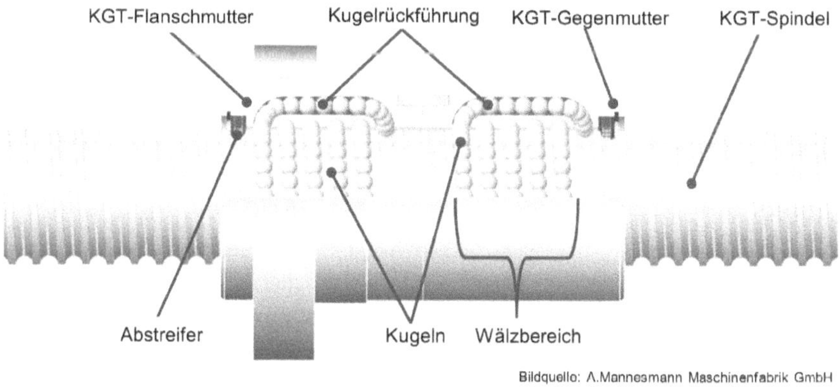

Bild 2.3: Eingängiger Kugelgewindetrieb in Doppelmutterbauweise
Double nut ball screw drive with single helix

Bei Kugelgewindetrieben in Doppelmutterbauweise sind zwei KGT-Muttern, oftmals eine Flansch- und eine Gegenmutter, auf der KGT-Spindel montiert und gegeneinander verspannt. Die Flanschmutter dient der Anbindung des Kugelgewindetriebs an die Umgebungsstruktur, die Gegenmutter spannt den Kugelgewindetrieb vor (vgl. Kapitel 2.3.2). Im Wälzbereich übertragen die Kugeln die eingeleiteten Lasten von der Gewindelaufbahn der KGT-Spindel auf die der KGT-Mutter und umgekehrt. Liegt eine rotatorische Antriebsbewegung vor, wälzen die Kugeln im Wälzbereich entlang der Gewindelaufbahnen von KGT-Spindel und KGT-Mutter ab. Um den gesamten Gewindelaufbahnbereich der KGT-Spindel abzudecken, müssen die Kugeln, bedingt durch die endliche Länge der KGT-Mutter, beim Erreichen des Mutterendes zu ihrem Ausgangspunkt zurückgeführt werden [HABE98]. Unterschiedlichste Kugelrückführungen ermöglichen den Rücktransport der Kugeln zu ihrem Ausgangspunkt (vgl. Kapitel 2.3.1). Neben den bereits benannten KGT-Komponenten ist, in Abhängigkeit der Anwendung, der Einsatz von Abstreifersystemen möglich, welche den Wälzbereich vor Fremdpartikeln schützen [YAGM14].

2.3 Funktionsweise von Kugelgewindetrieben

Geometry and Function of ball screws

Das Betriebsverhalten und die Funktion von Kugelgewindetrieben sind signifikant von deren Geometrie, der Vorspannung und dem Kugelrückführsystem bestimmt. Wesentliche Parameter und Zusammenhänge sind in den Unterkapiteln 2.3.1 bis 2.3.3 aufgeführt und erläutert. Darüber hinaus ist die Kinematik von Kugelgewindetrieben zu großen Teilen durch deren Geometrie sowie die hieraus resultierenden Kontaktverhältnisse geprägt. Ein Überblick über die allgemeine Wälzbewegung von Kugelgewindetrieben, die auftretenden Reibungs- und Verschleißmechanismen sowie die zugrunde liegende Tribologie wird in Unterkapitel 2.3.4 vorgestellt.

2.3.1 Geometrie von Kugelgewindetrieben

Geometry of ball screws

Das Betriebsverhalten von Kugelgewindetrieben, also deren Reaktion auf eingeleitete Kräfte und Momente sowie Rotations- und somit Verfahrgeschwindigkeiten, wird signifikant von der KGT-Geometrie beeinflusst. Bild 2.4 zeigt schematisch die wichtigsten geometrischen Größen von Kugelgewindetrieben nach [DIN11a].

Zu den wesentlichen geometrischen Größen sind der Nenndurchmesser des Kugelgewindetriebs d_0, der Kugeldurchmesser D_w, der Kugelmittenkreisdurchmesser D_{PW}, die Radien der Gewindelaufbahnen von KGT-Spindel r_s und KGT-Mutter r_n sowie der Steigungswinkel φ, welcher aus der Gewindesteigung P_h resultiert, und der Nennkontaktwinkel α zu zählen. Der Nenndurchmesser eines Kugelgewindetriebs beschreibt den maximalen Außennenndurchmesser der KGT-Spindel. Häufig ist der Nenndurchmesser jedoch nur ein theoretisches Maß zur Benennung und dimensional nicht existent. Insbesondere bei deutschen wie europäischen Herstellern ist der Außendurchmesser der KGT-Spindel kleiner als der Nenndurchmesser des Kugelgewindetriebs. Bei asiatischen Herstellern entspricht der Nenndurchmesser des Kugelgewindetriebs mehrheitlich dem Außendurchmesser der KGT-Spindel.

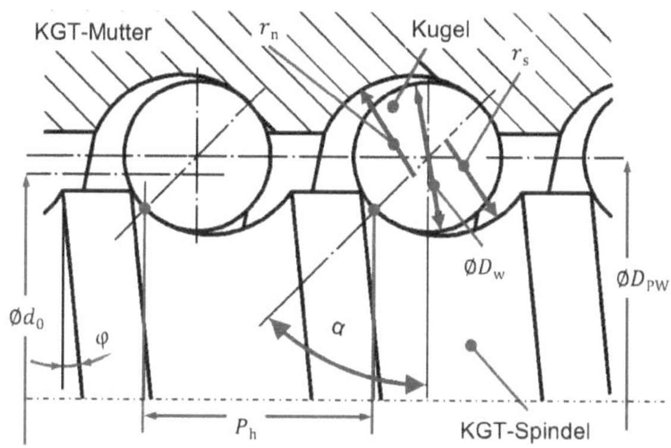

Bild 2.4: Allgemeine KGT-Geometrie, nach [DIN11a]
General ball screw geometry

Die Gewindesteigung ist nach [DIN11d] die resultierende axiale Verschiebung der KGT-Mutter zur KGT-Spindel bei einer Umdrehung der KGT-Mutter um die stehende KGT-Spindel. Der Nennkontaktwinkel, oder auch Last- oder Kontaktwinkel, ist definiert als der Winkel zwischen der Geraden aus dem Kontaktpunkt der Kugel mit der Gewindelaufbahn der KGT-Mutter oder KGT-Spindel und dem Kugelmittelpunkt sowie der Lotrechten durch eben diesen. Der Nennkontaktwinkel ist herstellerseitig durch die Geometrie von KGT-Spindel und KGT-Mutter sowie den Kugeldurchmesser bestimmt. Kugelgewindetriebe weisen je nach Hersteller und Einsatzgebiet unterschiedliche Nennkontaktwinkel auf, üblicherweise ist der Nennkontaktwinkel zwischen 40° und 55° eingestellt [FORS10]. HABERKERN benennt die üblichen Fertigungstoleranzen mit ± 5° [HABE98], aufgrund der in den vergangenen Jahren gestiegenen Fertigungsqualität sind jedoch geringere Toleranzabweichungen möglich.

Wie der Nennkontaktwinkel ist auch der Kugelmittenkreisdurchmesser durch die KGT-Geometrie, insbesondere die der Gewindelaufbahnen, und den Kugeldurchmesser bestimmt. Der Kugelmittenkreisdurchmesser ist, wie anhand des Namens leicht zu deuten, der senkrechte Abstand zwischen zwei Kugelmittelpunkten, die entlang der Gewindelaufbahnen der KGT-Spindel und KGT-Mutter um 180° versetzt angeordnet sind [DIN11a].

Eine weitere wichtige Größe ist die Schmiegung. Bei Kugelgewindetrieben ist diese definiert als das Verhältnis des Radius der Gewindelaufbahn der KGT-Spindel oder KGT-Mutter und des Kugeldurchmessers. Gl. (2.1) zeigt die Berechnungsgrundlage der Schmiegung der KGT-Spindel nach [DIN11d].

$$f_s = \frac{r_s}{D_w} \tag{2.1}$$

Hierbei ist f_S die Schmiegung am Kontakt der Kugel zur KGT-Spindel. Wird der Laufbahnradius der KGT-Mutter anstelle des der KGT-Spindel genutzt, ergibt sich die Schmiegung des Kontaktes der Kugel zur KGT-Mutter.

Die Gewindelaufbahnen der KGT-Mutter und KGT-Spindel können in unterschiedlichen Profilformen gefertigt sein. Waren die Profile früher vielfach als Rundprofil gefertigt, werden sie heutzutage überwiegend als gotische Spitzbogenprofile ausgelegt [HABE98]. Bild 2.5 zeigt schematische Darstellungen der benannten Profilformen sowie Kontaktmechanismen der Kugeln zu den Gewindelaufbahnen.

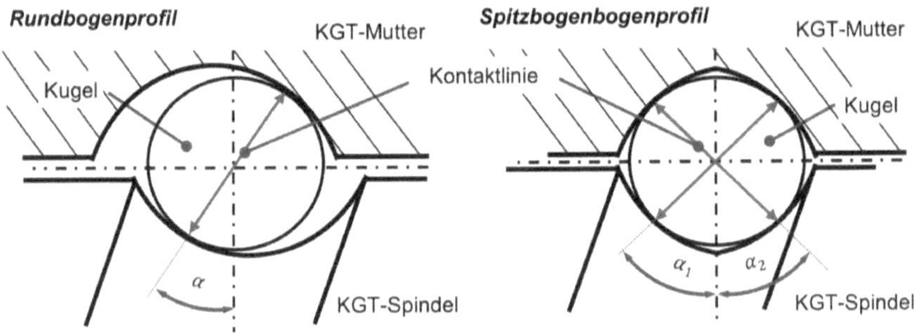

Bild 2.5: Gewindeprofilformen und exemplarische Kontaktmechanismen von Kugelgewindetrieben, nach [HOYE13]

Thread profile shapes and exemplary contact mechanism of ball screws

Bei einem Rundbogenprofil haben die Gewindelaufbahnen der KGT-Spindel und KGT-Mutter eine ideale Kreisform, der tiefste Gewindepunkt entspricht der Senkrechten mit Länge des Profilradius ausgehend von dessen Mittelpunkt. Die Tiefe der Gewindelaufbahn ist durch die Lage des Kreismittelpunkts zur Mantelfläche der KGT-Spindel oder KGT-Mutter bestimmt. Aufgrund der Gewindesteigung ist das Kreisprofil um den Steigungswinkel zur Längsachse der KGT-Spindel oder KGT-Mutter verdreht. Der Kreisradius der Gewindelaufbahn muss größer als der Kugelradius sein, um eine Schmiegung größer dem Minimalwert von 0,50 [HABE98] zu erhalten. Die rechnerische Bestimmung der Schmiegung für Kugelgewindetriebe erfolgt durch die Anwendung von Gleichung (2.1).

Ein gotisches Spitzbogenprofil ist geometrisch aus zwei Kreisen mit identischem Radius aufgebaut. Die Mittelpunkte der beiden Kreise sind negativ zueinander verschoben. Das bedeutet, dass die Länge der Senkrechten, ausgehend vom Mittelpunkt zwischen den beiden Kreismittelpunkten, zum tiefsten Gewindepunkt kleiner als der Kreisradius ist. Die maximale Tiefe der Gewindelaufbahn ist sowohl durch die Lage der Kreismittelpunkte zu den Mantelflächen der KGT-Spindel oder KGT-Mutter als auch durch den Abstand der beiden Kreismittelpunkte zueinander definiert. Analog zum Rundprofil sind die Kreisradien größer als der Kugelradius zu wählen, um eine Schmiegung größer 0,50 einzustellen.

Bedingt durch die endliche Genauigkeit bei der Fertigung der Gewindeprofile der KGT-Spindel und KGT-Mutter weisen die Gewinde einen Steigungsfehler auf. Für einen unregelmäßigen Steigungsfehler unterliegt die translatorische Abtriebsbewegung des Kugelgewindetriebs einem gewissen Taumelfehler. Dieser ist nach [STEI19a] meist sinusförmig, was bedeutet, dass die translatorische Istposition des Kugelgewindetriebs dessen Sollposition wiederkehrend über- und unterschreitet. Durch die helixförmige Anordnung der Kugeln innerhalb des Wälzbereiches sind mehrere Umläufe zeitgleich abgedeckt, wodurch der Taumelfehler verstärkt oder geschwächt werden kann [JOHN18].

Kugelgewindetriebe können sowohl eingängig als auch mehrgängig ausgeführt sein [HABE98]. Ein Gewindegang ist dabei als eigenständiger und unabhängiger Gewindeumlauf der KGT-Spindel und KGT-Mutter zu verstehen, d. h. die Kugeln eines Gewindeganges treten nur mit den Gewindelaufbahnen dieses Gewindeganges in Kontakt. Die Anzahl der Gewindegänge ist oftmals kleiner oder gleich vier [BREC17a]. Mehrgängige Kugelgewindetriebe besitzen, verglichen mit eingängigen Kugelgewindetrieben bei identischer Länge der KGT-Mutter, eine erhöhte Anzahl lastübertragender Kugeln, woraus eine erhöhte Tragzahl sowie erhöhte rechnerische Lebensdauer der Kugelgewindetriebe resultiert.

2.3.2 Vorspannung und Kontaktmechanismen

Preload and contact mechanism

In vielen Anwendungsgebieten müssen Kugelgewindetriebe spielfrei und vorgespannt ausgeführt sein, um die geforderte Präzision hinsichtlich Positionierung und Wiederholgenauigkeit zu erfüllen [BREC17a]. Spielfreiheit bedeutet, dass bei einer Richtungsumkehr die translatorische Bewegung des Kugelgewindetriebs unmittelbar mit dessen Rotation einsetzt und umgekehrt keinerlei lineare Bewegung ohne zeitgleiche Rotation vorliegt. Zusätzlich zur reinen Spielfreiheit ist vielfach eine hohe axiale Steifigkeit gefordert, um die Positionier- sowie Wiederholgenauigkeit auch unter dem Einfluss hoher axialer Kräfte auf den Kugelgewindetrieb zu gewährleisten. Eine Vorspannung verfolgt das Ziel, Spielfreiheit wie hohe Steifigkeit einzustellen, jedoch ohne die Reibung unverhältnismäßig zu erhöhen [GOLZ90]. In Abhängigkeit der Profile der Gewindelaufbahnen von KGT-Spindel und KGT-Mutter sowie der gewählten Kugeldurchmesser können verschiedene Kontaktmechanismen der Kugeln mit den Gewindelaufbahnen und infolgedessen unterschiedliche Vorspannungsarten eingestellt werden.

Die Vorspannung wird durch unterschiedliche konstruktive Lösungen erzielt. Häufig sind vorgespannte Doppelmuttern mit O- oder X-Anordnung verwendet [BREC02]. Hierbei wird die Vorspannung durch ein definiertes Zusammendrücken (negativer Abstand der Mutterhälften) oder Auseinanderziehen (positiver Abstand der Mutterhälften) der Doppelmutterhälften erzielt. Oftmals wird eine Distanzscheibe zur Positionierung der Mutterhälften eingesetzt. Die Verwendung einer O-Vorspannung oder X-Vorspannung ist durch die Richtung der größten externen Kraft auf den Kugelgewindetrieb sowie dessen Anbindung an die Umgebungsstruktur mitbestimmt. Die Größe der Vorspannung ist durch den eingestellten Abstand der Doppelmutterhälften einstellbar. Um den Verlust der Vorspannung zu verhindern, sind die Mutterhälften zueinander gegen Verdrehen gesichert, häufig werden hierzu Passfedern zwischen den Mutterhälften montiert. Kugelgewindetriebe in Doppelmutterbauweise haben einen 2-Punkt-Kontakt der Kugeln zu den Gewindelaufbahnen der KGT-Spindel und KGT-Mutter und weisen im Allgemeinen gute Reibeigenschaften auf [HABE98]. Zudem erlaubt es die Doppelmutterbauweise, die Vorspannung sehr gezielt einzustellen. Nachteilig ist die Länge der KGT-Mutter [FORS10].

Bei Kugelgewindetrieben mit 2-Punkt-Kontakt weisen die Kugeln je einen Kontaktpunkt mit der Gewindelaufbahn der KGT-Spindel und KGT-Mutter auf (vgl. Bild 2.5). Die Gewindelaufbahnen können sowohl als Rundbogen wie auch als gotischer Spitzbogen ausgeführt sein. Beim Spitzbogenprofil sind der Mittelpunktabstand der Kreismittelpunkte sowie der Kugeldurchmesser so zu wählen, dass ein definierter 2-Punkt-Kontakt erreicht wird. Da alle auf die Kugeln wirkenden Kräfte im Gleichgewicht stehen müssen, können bei einem 2-Punkt-Kontakt in aller Regel die Kontaktpunkte der Kugel mit den Gewindelaufbahnen der KGT-Spindel und KGT-Mutter für nicht verfahrende Kugelgewindetriebe mittels einer Geraden durch den Kugelmittelpunkt verbunden werden [WITT11]. Dies ist im Allgemeinen auch für verfahrende Kugelgewindetriebe gültig, da die Rotationsgeschwindigkeiten von Kugelgewindetrieben, im Vergleich zu beispielsweise Spindellagern, eher gering sind und die Fliehkräfte der Kugeln nur einen geringen Einfluss ausüben. Unterschiedliche Kontaktwinkel der Kugel für den Kontakt zu den Gewindelaufbahnen der KGT-Spindel und KGT-Mutter hätten eine Kugelverlagerung zur Folge. Diese würde in einem zusätzlichen Kontaktpunkt der Kugel mit der Gewindelaufbahn der KGT-Spindel oder KGT-Mutter resultieren. Der 2-Punkt-Kontakt läge nicht mehr vor.

Eine weitere Art der Vorspannung von Kugelgewindetrieben ist die Verwendung von Einzelmuttern mit Teilungsversatz. Dabei weisen die Gewindelaufbahnen in der KGT-Mutter einen gezielten Teilungsversatz zueinander auf, wodurch ebenfalls eine O- oder X-Vorspannung mit 2-Punkt-Kontakt realisiert wird [BREC17a]. Einzelmuttern bauen kürzer als Doppelmuttern und sparen somit Bauraum. Die Größe der Vorspannung ist von der Fertigungsgenauigkeit des Teilungsversatzes abhängig und kann durch die Kugelsortierung justiert werden. Die Reibungsverhältnisse sind denen der Doppelmutterbauweise aufgrund des analogen 2-Punkt-Kontaktes gleichzusetzen, die Fertigung der Gewindelaufbahnen ist ebenso als Rundbogen oder gotischer Spitzbogen realisierbar [HABE98]. Oftmals werden Einzelmutter Kugelgewindetriebe mit zwei Gewindegängen (vgl. Kap. 2.3.1) eingesetzt. Hierdurch ist eine größtmögliche Anzahl tragender Kugeln bei möglichst optimaler Länge der KGT-Mutter realisiert [STEI05].

Zusätzlich zu Einzelmuttern mit 2-Punkt-Kontakt können auch Einzelmuttern mit 4-Punkt-Kontakt verwendet werden. Ein 4-Punkt-Kontakt erfordert die Fertigung der Gewindelaufbahnen von KGT-Spindel und KGT-Mutter in Form eines gotischen Spitzbogenprofils. Durch gezielte Einstellung des Mittelpunktabstandes der beiden

Kreise sowie Verwendung von Kugeln mit geringem Übermaß resultieren je zwei Kontaktstellen der Kugeln zu den Gewindelaufbahnen der KGT-Spindel und KGT-Mutter [HILD87]. Die Größe der Vorspannung lässt sich durch den Kugeldurchmesser sowie den Mittelpunktabstand einstellen. Anders als beim 2-Punkt-Kontakt müssen die Kontaktpunkte nicht zwangsläufig durch eine Gerade durch den Kugelmittelpunkt verbunden sein, sondern können einen Knick im Kugelmittelpunkt aufweisen. Bild 2.6 zeigt den Zusammenhang schematisch. Die Kontaktwinkel der Kugel mit der Gewindelaufbahn der KGT-Spindel (α_1 und α_2) sind kleiner als ihr jeweiliges Pendant im Kontakt der Kugel mit der Gewindelaufbahn der KGT-Mutter (α_3 und α_4). Bedingt durch den 4-Punkt-Kontakt ist die Position der Kugel eindeutig bestimmt.

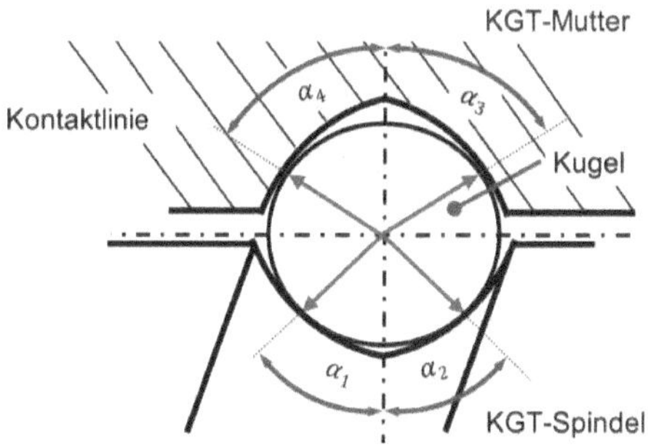

Bild 2.6: Mögliche Variation der Kontaktwinkel im Falle eines 4-Punkt-Kontakts, nach [HOYE13]

Possible variation of the contact angle in case of a 4-Point-Contact

Aufgrund des aus dem Kontaktmechanismus resultierenden Schlupfs im Betrieb haben Kugelgewindetriebe mit 4-Punkt-Kontakt eine größere Reibung und folglich einen höheren Verschleiß als Kugelgewindetriebe mit 2-Punkt-Kontakt [FORS10]. Positiv sind das verbesserte Taumelverhalten sowie die verringerte Länge der KGT-Mutter und die vergleichsweise hohe Steifigkeit [HABE98].

In den letzten Jahren wurden zunehmend Anstrengungen zur aktiven Vorspannungsadaption unternommen [GOLZ90]. Ziel ist es, die Vorspannung den Betriebsparametern anzupassen, um situationsabhängig Vorspannung und somit Reibung und Verschleiß des Kugelgewindetriebs zu optimieren. Die hohen Anforderungen hinsichtlich der Aktorik sowie die Notwendigkeit, den vorliegenden Prozesszustand im Detail zu kennen, erschweren die Serienreife solcher Lösungen in hohem Maße. Dennoch sind Kugelgewindetriebe mit aktiver Vorspannungsaktorik Gegenstand der universitären Forschung [FREY10], [HERD13], [VERL14].

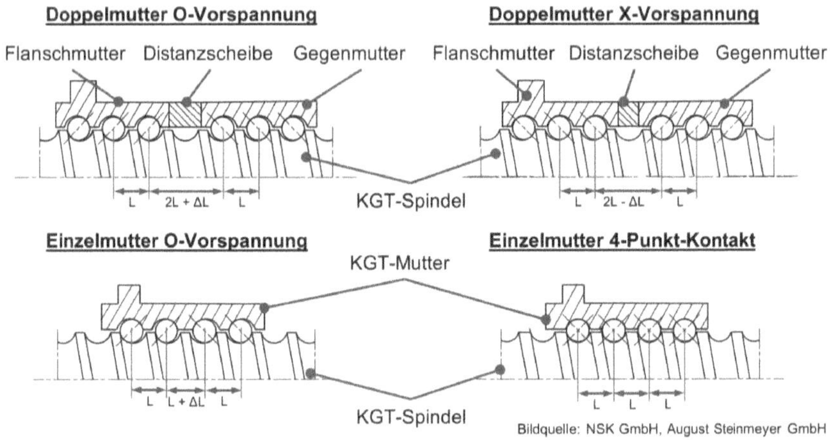

Bild 2.7: Vorspannung von Kugelgewindetrieben
Ball screw preloading variants

Zum besseren Verständnis des Vorspannungsmechanismus sei dieser für einen Kugelgewindetrieb in Doppelmutterbauweise an Bild 2.8 erläutert. Das linke Teilbild von Bild 2.8 zeigt den schematischen Aufbau des Kugelgewindetriebs mit O-Vorspannung und einer an der Flanschmutter angreifenden externen axialen Zugkraft F. Für eine extern angreifende axiale Zugkraft von null ist der Kugelgewindetrieb ausschließlich durch die Vorspannkraft belastet und initial verlagert (Bild 2.8, $F = 0$). Wird die angreifende externe axiale Zugkraft erhöht, verursacht sie eine erhöhte Belastung der Flanschmutter bei gleichzeitiger Entlastung der Gegenmutter.

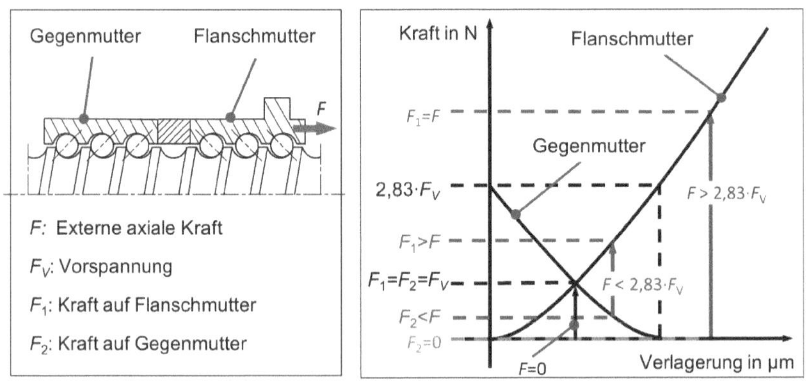

Bild 2.8: KGT in Doppelmutterbauweise mit Kraft-Verlagerungs-Diagramm, nach [BREC17a]
Double nut ball screw and force displacement diagram

Das Kraft-Verlagerungs-Diagramm im rechten Teilbild von Bild 2.8 verdeutlicht den Sachverhalt. Im Diagramm sind die Federkennlinien beider Mutternhälften, welche entgegengesetzt verlaufen, gezeigt. Da beide Mutternhälften als geometrisch und materiell identisch angenommen werden (ein Einfluss des Flansches wird vernachlässigt), entsprechen sich die Federkennlinien in ihrem Verlauf und der Steigung. Wenn ausschließlich eine interne Belastung in Form der Vorspannkraft F_V auf die Mutternhälften wirkt ($F = 0$), weisen beide Mutternhälften die gleiche Verlagerung auf, sind aber in entgegengesetzter Richtung belastet. Wird nun eine externe axiale Kraft an der Flanschmutter eingeleitet, so wird diese Mutternhälfte zusätzlich belastet, was eine Vergrößerung ihrer Verlagerung zur Folge hat. Die auf die Flanschmutter wirkende resultierende Kraft F_1, als Superposition der externen axialen Kraft F und der Vorspannung F_V, ist größer als die externe axiale Kraft F. Gleichzeitig findet eine Entlastung der Gegenmutter statt, woraus eine verringerte Verlagerung dieser hervorgeht. Die resultierende Kraft F_2 auf die Gegenmutter, als Superposition der externen Kraft F und der Vorspannung F_V, ist folglich geringer als die externe axiale Kraft F. Nach [DIN11d] berechnet sich die maximal zulässige externe axiale Kraft auf einen Kugelgewindetrieb in Doppelmutterbauweise nach Gl. (2.2) und beträgt in ausreichender Näherung das 2,83-Fache der Vorspannung.

$$F_{\text{lim}} = 2^{\frac{3}{2}} \cdot F_{\text{V}} \tag{2.2}$$

Übersteigt die externe axiale Kraft F auf den Kugelgewindetrieb diesen Grenzwert, so verlieren die Kugeln der entlasteten Mutternhälfte den Kontakt zu den Gewindelaufbahnen der KGT-Spindel und KGT-Mutter, die Mutternhälften werden nicht mehr gezielt gegeneinander verspannt und heben voneinander ab [DIN11d]. Die entlastete Mutternhälfte ist dann als Resultat dessen vollständig entspannt und unbelastet, während die belastete Mutternhälfte mit der externen axialen Kraft F belastet ist [BREC17a].

Bei Kugelgewindetrieben liegt zwischen den Gewindelaufbahnen der KGT-Spindel und KGT-Mutter zu den Kugeln in Näherung ein punktförmiger Kontakt vor. Mit zunehmenden Normalkräften in den Wälzkontakten nähern sich die in Kontakt stehenden Körper einander an, wodurch eine Kontaktfläche ausgebildet wird. Über die Kontaktfläche werden die angreifenden Kräfte zwischen den in Kontakt stehenden Körpern übertragen, sodass sich Kontaktpressungen in der Kontaktfläche ausbilden. Allgemein wird die Kontaktfläche, bedingt durch ihre elliptische Form, als Kontakt- oder Druckellipse bezeichnet. Der Zusammenhang zwischen der Annäherung der in Kontakt stehenden Körper, der Normalkraft sowie der resultierenden Pressungen ist in der Theorie von HERTZ aus dem Jahr 1881 [HERT81] für zwei allseitig gekrümmte Körper unter externer Belastung erläutert. Kugelgewindetriebe erfüllen, genau wie Wälzlager, nicht alle von HERTZ definierten Voraussetzungen zur Gültigkeit der theoretischen Betrachtung. Analog zur Wälzlagertechnik spiegeln die erzielten Ergebnisse das reale Verhalten jedoch mit ausreichender Genauigkeit wider [BRÄN95], weshalb die Anwendung der Theorie zulässig ist. Bild 2.9 zeigt im linken Teilbild eine allgemeine Darstellung zweier in Kontakt stehender zweiseitig gekrümmter Körper.

Die Körper A und B lassen sich durch je zwei Krümmungsradien r beschreiben. Nach HARRIS [HARR07] berechnen sich die beiden Hauptkrümmungen ρ der im Kontakt stehenden Körper auf den orthogonal angeordneten Hauptkrümmungsebenen 1 und 2 gemäß Gl. (2.3) und Gl. (2.4).

$$\rho_1 = \pm\frac{1}{r_{A,1}} \pm \frac{1}{r_{B,1}} = \pm\rho_{A,1} \pm \rho_{B,1} \tag{2.3}$$

$$\rho_2 = \pm\frac{1}{r_{A,2}} \pm \frac{1}{r_{B,2}} = \pm\rho_{A,2} \pm \rho_{B,2} \tag{2.4}$$

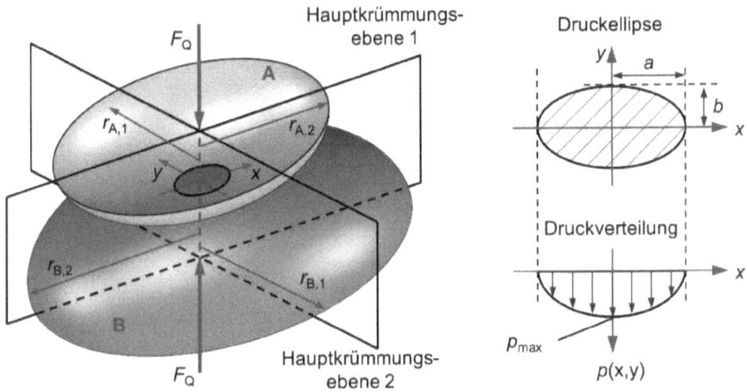

Bild 2.9: Flächenpressung und Normalkraft im Punktkontakt, nach [HERT81]
Stress and normal force in a point contact

Die Definition der Vorzeichen erfolgt gemäß der Krümmung der Radien. Konvexe Radien erhalten ein positives, konkave ein negatives Vorzeichen. Die Summe der reziproken Krümmungsradien berechnet sich nach Gl. (2.5)

$$\Sigma\rho = \rho_1 + \rho_2 \tag{2.5}$$

Die Geometrie der Druckellipse ist entlang der Achsen x und y bestimmt. Auf der Hauptkrümmungsachse x weist die Druckellipse die größere Halbachse a auf, die Druckellipse hat auf dieser Achse die Ausprägung $2a$. An der Nebenachse y läuft die kleinere Halbachse b, die Ausprägung der Druckellipse ist $2b$. Die mathematische Bestimmung der Halbachsen folgt den Gleichungen (2.6) und (2.7). Gleichung (2.8) beschreibt die einander zugewandte Verschiebung δ der in Kontakt befindlichen Körper entlang der Längsachse der Kontaktnormalkraft F_Q [HARR07].

$$a = a_{Hertz} \cdot \left(3 \cdot \frac{F_Q}{\Sigma\rho} \cdot \frac{1}{E'}\right)^{\frac{1}{3}} \tag{2.6}$$

$$b = b_{\mathrm{Hertz}} \cdot \left(3 \cdot \frac{F_{\mathrm{Q}}}{\Sigma\rho} \cdot \frac{1}{E'}\right)^{\frac{1}{3}} \tag{2.7}$$

$$\delta = \delta_{\mathrm{Hertz}} \cdot \left(3 \cdot \frac{F_{\mathrm{Q}}}{\Sigma\rho} \cdot \frac{1}{E'}\right)^{\frac{1}{3}} \cdot \frac{1}{2} \cdot \Sigma\rho \tag{2.8}$$

Ein Umstellen von Gl. (2.8) zu Gl. (2.9) ermöglicht die Berechnung der Kontaktnormalkraft F_Q unter Beachtung der Verschiebung der in Kontakt stehenden Körper [GOHA01].

$$F_{\mathrm{Q}} = \frac{1}{3} \cdot \Sigma\rho \cdot E' \cdot \left(\frac{2 \cdot \delta}{\delta_{\mathrm{Hertz}} \cdot \Sigma\rho}\right)^{\frac{3}{2}} \tag{2.9}$$

Die aufgeführten Hertz`schen Beiwerte a_{Hertz}, b_{Hertz} und δ_{Hertz} sind entsprechenden Tabellenwerken zu entnehmen oder lassen sich in ausreichender Näherung durch analytische Gleichungen, z. B. nach [BREW77], berechnen. Der reduzierte Ersatzelastizitätsmodul E' berücksichtigt die Materialeigenschaften der beiden in Kontakt stehenden Körper. Seine Berechnung nach Gl. (2.10) bedingt die Kenntnis der Elastizitätsmodule E und Querkontraktionszahlen υ beider Kontaktpartner [GOHA01].

$$E' = 2 \cdot \frac{1}{\frac{(1-\upsilon_1)^2}{E_1} + \frac{(1-\upsilon_2)^2}{E_2}} \tag{2.10}$$

Im rechten Teilbild von Bild 2.9 ist die Pressungs- oder Druckverteilung innerhalb der Druckellipse abgebildet. Im Zentrum der Druckellipse ($x = 0;\ y = 0$) liegt die maximale Pressung $p_{\max}$ vor. In Abhängigkeit der Position in der Druckellipse berechnet sich die Pressung nach Gl. (2.11) [GOHA01].

$$p(x,y) = \frac{3}{2} \cdot \frac{F_{\mathrm{Q}}}{\pi \cdot a \cdot b} \cdot \sqrt[3]{1 - \left(\frac{x}{a}\right)^2 - \left(\frac{y}{b}\right)^2} \tag{2.11}$$

Nach [DIN09] darf die maximale Kontaktpressung im Wälzkontakt 4.200 MPa nicht überschreiten. Für andauernde Belastungen bis ca. 2.000 MPa sind aus 100 Cr 6 gefertigte Wälzlager mit Punktkontakt nach [SOMM14] dauerfest. Auch wenn Kugelgewindetriebe sich in wesentlichen Eigenschaften signifikant von Wälzlagern unterscheiden, ist davon auszugehen, dass die vorgestellten Grenzen ebenfalls Gültigkeit haben.

2.3.3 Kugelrückführsysteme

Ball recirculation systems

Beim Abwälzen vollziehen die Kugeln sowohl eine Tangential- als auch eine Umfangsbewegung [YAGM14]. Um die nutzbare Gewindelänge der KGT-Spindel vollständig abzudecken, müssen die Kugeln innerhalb der KGT-Mutter zum Ausgangspunkt ihrer Bewegung rückgeführt werden [HABE98]. Allgemein wird zwischen externer und interner Kugelrückführung unterschieden. Bild 2.10 zeigt mögliche Kugelrückführsysteme und verdeutlicht deren Arbeitsweise.

Bei einer externen Kugelrückführung werden die Kugeln durch ein am Außenrand der Mutter montiertes Umlenkrohr oder durch einen axialen Rückführkanal in der Mutter nach mehreren oder allen Gewindeumläufen an ihren Ausgangspunkt rückgeführt [GOLZ90]. Die Kugeln werden folglich aus dem Wälzbereich zwischen der KGT-Spindel und KGT-Mutter herausgeführt. Im Wälzbereich findet keine Unterbrechung der lasttragenden Kugeln statt, weshalb die Anzahl der lasttragenden Kugeln bei externer Rückführung höher ist als bei interner Kugelrückführung. Eine externe Kugelrückführung mit Umlenkrohr erfordert eine große Bauform der KGT-Mutter, ist aber kostengünstiger [GOLZ90]. Aufgrund seiner Montage am Mutteraußenrand ist das Umlenkrohr jedoch nicht vollständig vor Beschädigungen geschützt. Ein integrierter axialer Rückführkanal in der KGT-Mutter erlaubt einen kleinen Mutterdurchmesser. Dem steht der erhöhte Fertigungsaufwand gegenüber [BREC17a].

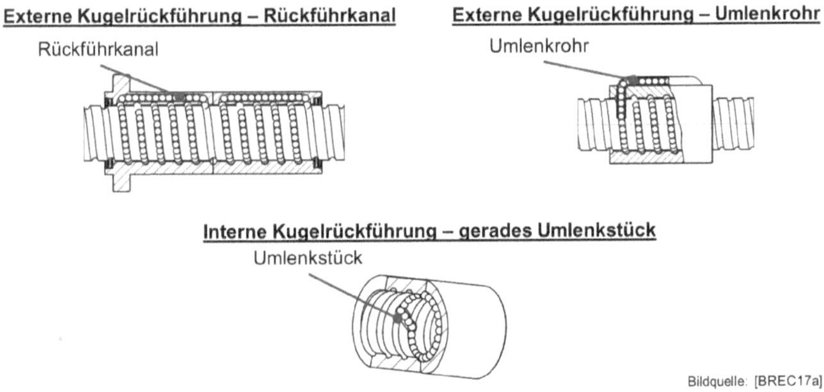

Bild 2.10: Kugelrückführsysteme in Kugelgewindetrieben, nach [BREC17a]

Ball screw rolling element recirculation systems

Interne Kugelrückführungen führen die Kugeln nach jedem Umlauf wieder zurück. Dazu werden in der Mutter montierte Umlenkstücke verwendet. Die Kugeln werden nicht aus dem Wälzbereich zwischen KGT-Spindel und KGT-Mutter herausgeführt, sondern lediglich im Bereich des Umlenkstücks entlastet. Es werden s-förmige Umlenkstücke und gerade Umlenkstücke unterschieden [GOLZ90]. Interne Kugelrückführungen ermöglichen die Herstellung von Muttern geringeren Durchmessers, zudem ist die Herstellung einfacher als die eines in der Mutter liegenden axialen Rückführkanals [GOLZ90]. Nachteilig sind die ungünstigen Kugeleintritts- und Kugelaustrittswinkel, die ein ungleichmäßiges Abwälzen und daraus resultierend eine Verringerung der erreichbaren Drehzahlen sowie eine große Geräuschentwicklung bewirken [BREC17a].

2.3.4 Wälzbewegung, Reibung und Verschleiß

Rolling motion, friction and wear

Die Kinematik von Kugelgewindetrieben lässt sich grob in zwei unterschiedliche Zonen einteilen. Die erste Zone umfasst die Kugelrückführung, die zweite Zone den Wälzbereich [FORS10]. Die Notwendigkeit zur Rückführung der Kugeln beeinflusst die Kinematik. Beim Eintritt in die unbelastete Kugelrückführung befinden sich die Kugeln in Rotation zwischen den Gewindelaufbahnen von Mutter und Spindel. Nach dem Eintritt verringert sich die Rotationsgeschwindigkeit. Ursache hierfür ist die veränderte Wälzbewegung der Kugeln. Aufgrund der von GOLZ eingeführten Druckkraft und Staukraft [GOLZ90] folgert FORSTMANN, dass die Kugeln im Rückführkanal von den nachfolgenden Kugeln durch ebendiesen gedrückt werden [FORS10].

Die Kinematik im Wälzbereich von Kugelgewindetrieben wurde unter anderem von LIN [LINM94] untersucht. Dabei konnte nachgewiesen werden, dass zu jedem Zeitpunkt Gleitbewegungen im Wälzkontakt vorliegen. Eine schlupffreie Bewegung der Kugeln ist demzufolge nicht möglich. In [LINF03] wird die kinematische Betrachtung von Kugelgewindetrieben um elastische Verformungen im Wälzbereich erweitert. Weitere Beschreibungen der Kinematik finden sich bei DAMBACHER [DAMB05] und WIE [WIEC11]. Während DAMBACHER die Kinematik zur Optimierung der Geometrie des Kugelgewindetriebs simuliert, analysiert WIE die Kinematik sowie den Wirkungsgrad von schnelldrehenden Kugelgewindetrieben bei Drehzahlen über 1.000 min^{-1}.

Kugelgewindetriebe weisen eine Überlagerung von Roll-, Gleit- und Bohrreibung auf. Die Wälzbewegungen der Kugeln von Kugelgewindetrieben ähneln denen von Schrägkugellagern; bedingt durch die Gewindesteigung tritt die bereits erwähnte zusätzliche Gleitbewegung auf, welche mit zunehmender Gewindesteigung ansteigt [HABE98]. Eine Rollbewegung beschreibt allgemein ein ideales Abrollen der Kugeln auf den Gewindelaufbahnen von KGT-Spindel und KGT-Mutter. Die Wälzpartner weisen in ihren Berührungsflächen nach Betrag und Richtung gleiche Geschwindigkeiten auf. Unterscheiden sich die Geschwindigkeiten der Wälzpartner in Betrag und/oder Richtung, so verursacht dies eine Gleitreibung zwischen den Wälzpartnern. Infolge der Gewindesteigung und der unterschiedlichen Radien der Berührpunkte der Kugeln mit den Gewindelaufbahnen der KGT-Spindel und KGT-Mutter liegt der Winkelgeschwindigkeitsvektor der Kugeleigenrotation nicht senkrecht auf dem Bahngeschwindigkeitsvektor der translatorischen Relativbewegung zwischen Kugel und Gewindelaufbahn, woraus ein Gleitreibungsanteil resultiert [HABE98]. Im Falle sehr hoher Beschleunigungen wäre nach HABERKERN [HABE98] eine reine Gleitbewegung der Kugeln vorstellbar. Die auftretende Bohrbewegung stellt einen Sonderfall der Gleitbewegung dar, sie steigt mit wachsendem Kontaktwinkel α (vgl. Bild 2.4). Analog zu Schrägkugellagern [WITT11] ist die Bohrreibung in Abhängigkeit von der Schmiegung, den Fertigungstoleranzen, den Reibungsverhältnissen sowie der Drehzahl ganz oder in Teilen nur im Kontakt zwischen der Gewindelaufbahn der KGT-Spindel und den Kugeln oder im Kontakt zwischen der Gewindelaufbahn der KGT-Mutter und den Kugeln verortet. Ein wichtiges Maß zur Beurteilung der Bewegung ist das Bohr-Roll-Verhältnis. Dieses gibt an, wie groß der Anteil der Bohrbewegung im Verhältnis zur Rollbewegung ist. Je kleiner der Wert, desto mehr Rollbewegung liegt vor. Große Werte bedeuten hingegen einen großen Bohrbewegungsanteil und somit ungünstigere Abwälzbewegungen [WITT11]. Aufgrund des größeren Gleitbewegungsanteils unterscheidet sich die Wälzbewegung in Kugelgewindetrieben von der Wälzbewegung in Wälzlagern. Der daraus resultierende abweichende Verschleißmechanismus in Kugelgewindetrieben findet derzeit in der Lebensdauerberechnung nach [DIN11d] keine Berücksichtigung.

Das Reibungs- und Verschleißverhalten eines Kugelgewindetriebs wird von seinen tribologischen Eigenschaften bestimmt. Der im tribologischen Kontakt mechanischer Systeme auftretende Verschleiß unterteilt sich in unterschiedliche Grundmechanismen. Dies sind Adhäsion, Abrasion, Ermüdung sowie tribochemische Reaktionen und Ablation, wobei letztere eine untergeordnete Rolle einnimmt und nicht näher erläutert werden soll. In [GFT02] wird Verschleiß als „der fortschreitende Materialverlust aus der Oberfläche eines festen Körpers, hervorgerufen durch mechanische Ursachen" definiert. Plötzliches Versagen durch Überschreiten werkstoffspezifischer Kennwerte, beispielsweise plastische Deformation oder Bauteilbruch, wird nicht den Verschleißmechanismen zugerechnet [HABE98]. In den häufigsten Fällen überlagern sich die Grundmechanismen, je nach Zustand der Komponente und den Betriebsbedingungen (z. B. Last, Temperatur, Schmierzustand) variieren die Anteile [SOMM14].

Als Adhäsion werden atomare Bindungen im Kontaktbereich metallisch blanker Oberflächen bezeichnet, welche Ausbrüche an den beteiligten Kontaktpartnern zur Folge haben können [SOMM14]. Die Festigkeit der Bindungen entscheidet über den Ort der Austrennung. Diese kann im Kontaktpunkt der Oberflächen oder im Grundwerkstoff eines der in Kontakt befindlichen Körpers liegen. Im Falle eines durchgehend trennenden Schmierfilms tritt Adhäsion deutlich vermindert auf [SOMM14].

Abrasion beschreibt das Eindrücken harter Abrasivkörner unter Last in einen weicheren Kontaktpartner. Bei den Abrasivkörnern kann es sich sowohl um Rauheitsspitzen beteiligter Kontaktpartner, abgetrennte und verfestigte Verschleißpartikel als auch Fremdpartikel handeln [HABE98]. Bei mehrfacher Überrollung vorgeschädigter Zonen kommt es aufgrund der Erschöpfung des Verformungsvermögens zur Schädigung des schwächeren Kontaktpartners [SOMM14].

Ermüdung wird durch wechselnde Kräfte an der Bauteiloberfläche hervorgerufen. Wälzkontakte weisen, aufgrund der Überrollung durch die Wälzkörper, schwellende Belastungen der Kontaktpartner auf [HABE98]. Eine Ermüdung äußert sich durch Risse und resultiert in Oberflächenausbrüchen des Werkstoffs. Das entstehende Schadensbild wird vom Schmierungszustand der Kontaktpartner bestimmt. Besteht durchgehend ein tragender Schmierfilm, liegen das auftretende Spannungsmaximum und damit der Ort der Rissentstehung unterhalb der Werkstoffoberfläche. Mit zunehmender Mischreibung verschiebt sich das Spannungsmaximum zur Oberfläche des

Bauteils und der Schaden beginnt mit Rissen an der Oberfläche, bevor er sich durch einen Ausbruch plättchenförmiger Verschleißpartikel ausbreitet [CZIC03].

Zur Verbesserung des Reibungsverhaltens von Kugelgewindetrieben wurden in der Vergangenheit spezielle Sonderbauformen entwickelt. Ziel dieser ist es, die Reibung im Kugel-Kugel-Kontakt zu reduzieren. Aufgrund ihrer Bauart weisen Kugelgewindetriebe verschiedene Reibungsquellen auf, dies sind:

- Kugel-Gewindelaufbahn-Kontakt innerhalb des Wälzbereiches
- Kugel-Wandung-Kontakt innerhalb des Rückführsystems
- Kugel-Kugel-Kontakt innerhalb des Wälzbereiches und des Rückführsystems

In einem Standard Kugelgewindetrieb sind die KGT-Mutter(n) mit Kugeln identischen Durchmessers befüllt. Im Wälzbereich übertragen alle Kugeln die wirkenden Belastungen zwischen den Gewindelaufbahnen der KGT-Spindel und KGT-Mutter und rotieren bei einer Bewegung des Kugelgewindetriebs gleichsinnig. Infolgedessen herrscht in den Kontaktpunkten der Kugeln zueinander nahezu reine Gleitreibung vor, wodurch ein überproportionaler Verschleiß hervorgerufen werden kann [MÜNZ17]. Zur Reduzierung der Reibung wurden verschiedene Sonderbauformen von Kugelgewindetrieben entwickelt. Bild 2.11 zeigt schematisch die Reibung im Kugel-zu-Kugel-Kontakt bei Standard Kugelgewindetrieben und Sonderbauformen.

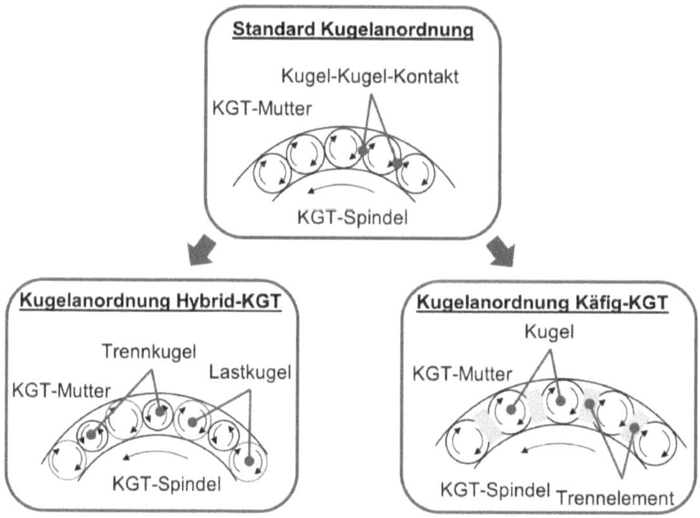

Bild 2.11: Varianten der Kugelanordnung in Kugelgewindetrieben, nach [THK10]
Variants of ball arrangements in ball screws

Zu den Sonderbauformen gehören der Hybrid- und der Käfig-Kugelgewindetrieb. Ein Hybrid-Kugelgewindetrieb verwendet Kugeln unterschiedlichen Durchmessers, um die Reibung zu verringern. Um dies zu erzielen, werden in abwechselnder Reihenfolge kleinere „Trennkugeln“ und größere „Lastkugeln“ angeordnet [MÜNZ17]. Die Übertragung der Kräfte zwischen den Gewindelaufbahnen der KGT-Spindel und KGT-Mutter erfolgt durch die „Lastkugeln“. Die Trennkugeln haben keinen Kontakt zu den Gewindelaufbahnen. Aufgrund dessen rotieren sie entgegen der „Lastkugeln“, woraus ein nahezu reines Abrollen der Kugeln im Kugel-Kugel-Kontakt resultiert. Um der Reduzierung der Anzahl der lasttragenden Kugeln entgegenzuwirken, muss die KGT-Mutter länger bauen. Vielfach werden die lasttragenden Kugeln aber auch aus Materialien mit höherem Elastizitätsmodul gefertigt.

In einem Kugelgewindetrieb mit Käfig werden die Kugeln, welche alle den gleichen Durchmesser sowie das gleiche Material aufweisen, durch konkave Trennelemente so voneinander getrennt, dass sich ein konstanter Abstand zwischen den Kugeln einstellt. Die Trennelemente sind aus Kunststoff und weisen einen geringen Reibungskoeffizienten mit den Kugeln auf. Zudem bildet die Oberfläche der konkaven Elemente ein Schmierstoffreservoir, wodurch die Reibung zusätzlich reduziert wird. Die Trennelemente werden als Einzelelemente zwischen den Kugeln angeordnet und sind nicht gekoppelt [THK10]. Im Vergleich mit Hybrid-KGT ist der Platzbedarf der Trennelemente gegenüber den „Trennkugeln“ geringer, weshalb die Mutter eines Käfig-KGT kürzer bauen kann als die eines Hybrid-KGT, bei identischer Anzahl lasttragender Kugeln. Kugelgewindetriebe sind i. d. R. nicht vollständig mit Kugeln befüllt, um ein Klemmen zu verhindern. Da die Trennelemente nicht gekoppelt sind, muss die Kugelbefüllung eines Käfig-Kugelgewindetriebs so gewählt sein, dass ein Kippen der Trennelemente verhindert wird. Die vorgestellten Sonderbauformen sind von verschiedenen Herstellern innerhalb des Standard Lieferprogramms zu beziehen, finden jedoch aktuell keine flächendeckende Verwendung in der industriellen Praxis.

2.4 Analysemethoden und Berechnungsmodelle für Kugelgewindetriebe

Ball screw analysis and calculation methods

In den vergangenen Jahrzehnten wurden unterschiedlichste Ansätze zur rechnerischen Auslegung sowie zur Beschreibung des Betriebsverhaltens von Kugelgewindetrieben verfolgt. Im Folgenden wird ein Auszug dieser Arbeiten, der Berechnungsansätze sowie der Berechnungsziele vorgestellt. Daran anschließend wird der derzeitige Stand zur Lebensdauerberechnung von Kugelgewindetrieben nach [DIN11d] vorgestellt. Die standardisierten experimentellen Analysen zur Messung der statischen axialen Steifigkeit sowie des Leerlaufdrehmoments können [DIN11b] entnommen werden.

2.4.1 Modelle zur Beschreibung des Betriebsverhaltens von Kugelgewindetrieben

Simulation of the operational behavior of ball screws

Modelle zur Beschreibung von Kugelgewindetrieben wurden in unterschiedlichen Forschungsarbeiten und industriellen Projekten für variierende Zielsetzungen entwickelt. Oftmals zielten die Untersuchungen darauf ab, Schwächen der standardisierten Lebensdauerberechnung zu identifizieren und den Einfluss unterschiedlicher Sonderereignisse auf die Lebensdauer zu analysieren. Zudem stehen die Reibung von Kugelgewindetrieben sowie eine Erweiterung des allgemeinen Verständnisses im Fokus der Forschungsarbeiten.

HILMER [HILM78] stellt ein Berechnungsmodell zur Auslegung von Kugelgewindetrieben vor. Ziel ist es, dem Konstrukteur die Auslegung geeigneter Kugelgewindetriebe für seine Anwendung zu erleichtern. Basis seines analytischen Modells sind die Kontaktpressungen nach der Theorie von HERTZ im Kugel-Gewindelaufbahn-Kontakt sowie die Geometrie des Kugelgewindetriebs. Das rein analytische Berechnungsmodell unterscheidet zwischen Kugelgewindetrieben in Einzel- und Doppelmutterbauweise. Mittels verschiedener Unterprogramme kann u. a. das Steifigkeitsverhalten berechnet werden. Für die Lebensdauerberechnung von Kugelgewindetrieben bildet die von HILMER vorgestellte Methodik, zusammen mit der Arbeit von SPIEß [SPIE70], die Grundlage der Lebensdauerberechnung innerhalb der deutschen [DIN02] wie internationalen Normung [DIN11d]. Abweichend zur gültigen internationalen Norm [DIN11d] verwendet HILMER, analog der Vorgehensweise für Wälzlager, einen Reihenexponenten von 0,7 zur Berechnung der dynamischen Tragzahl. Im Zuge der Lebensdauerberechnung betrachtet HILMER die Lastverteilung innerhalb von Kugelgewindetrieben. Motiviert durch Untersuchungen zur Lastverteilung innerhalb von Befestigungsschrauben entwickelt er ein Vorgehen für Kugelgewindetriebe. Hierzu approximiert er die einzelnen Umläufe des Kugelgewindetriebs als unterschiedlich ausgelenkte Federn gleicher Bauart. Das Modell vernachlässigt die Gewindesteigung und nähert vereinfacht identische Kräfte für alle Kugeln eines Umlaufes an, wodurch Ungenauigkeiten in der Berechnung resultieren. Des Weiteren wird der Axialversatz der KGT-Mutter aufgrund der Gewindebiegung sowie der Aufweitung/Stauchung des Kugelgewindetriebs analytisch betrachtet. Dabei muss angemerkt werden, dass ein Anteil der Gewindebiegung an der Lastverteilung nur für Kugelgewindetriebe mit äußerst geringer Stegbreite zwischen den Gewindelaufbahnen zum Tragen kommt. HILMER geht zudem von konstanten Verformungen für einen Umlauf aus. Aus den einzelnen Anteilen am Axialversatz entwickelt HILMER schließlich eine analytische Gleichung, welche er explizit löst. Zudem führt HILMER eine Analyse des Reibmoments von Kugelgewindetrieben durch. Die Berechnungen basieren auf der Geometrie des Kugelgewindetriebs, der Drehzahl der KGT-Spindel, den Kontaktpressungen im Kugel-Gewindelaufbahn-Kontakt, der Viskosität des Schmierstoffs sowie der Oberflächenrauhigkeiten. Sein Modell unterstellt eine EHD-Schmierung und erlaubt die Berechnung der Schmierfilmhöhe sowie des Gleit- und Bohrreibungsanteils. Hierbei gilt es jedoch zu beachten, dass Kugelgewindetriebe, u. a. bedingt durch die endliche Verfahrbewegung, nur bedingt im EHD-Kontakt betrieben werden.

GOLZ [GOLZ90] führt analytische und experimentelle Untersuchungen an Kugelgewindetrieben in Doppelmutterbauart durch. Schwerpunkte seiner Arbeiten sind die Reibungsverhältnisse in Kugelgewindetrieben unter Berücksichtigung der Betriebsgrößen Vorspannung, Spindeldrehzahl sowie der Art und Gestaltung der Kugelrückführung. Das von GOLZ erstellte Berechnungsmodell liefert unter anderem Kenngrößen wie die Reibleistung oder das Reibmoment und baut auf seinen analytisch und experimentell durchgeführten Untersuchungen auf. GOLZ vereinfacht seine analytischen Betrachtungen, indem er die wirkenden Kräfte und Momente an nur einer Kugel je Doppelmutterhälfte betrachtet. Zudem vernachlässigt er in seinem Modell die elastischen Verformungen des Kugelgewindetriebs aufgrund externer wie interner Belastungen sowie das thermische Verhalten des Kugelgewindetriebs oder die auftretenden Kippmomente zwischen KGT-Mutter und KGT-Spindel, weshalb sein Modell das reale Verhalten nur eingeschränkt nachbildet.

OERTLI modelliert unter Zuhilfenahme der Finiten Elemente Methode (FEM) ein gesamtes Vorschubantriebssystem mit Kugelgewindetrieb einschließlich der Achssteuerung. Die Eigenschaften des Kugelgewindetriebs werden innerhalb der Modellbetrachtung durch dessen Steifigkeit angenähert. OERTLI benennt den Anteil der Kugelverformung an der Gesamtverformung als wesentlich und nutzt die Herstellerangaben zur Kugelgewindetriebsteifigkeit zur Berechnung der Kugelsteifigkeit. Die Kopplung zwischen KGT-Spindel und KGT-Mutter erfolgt über drei translatorische und drei rotatorische Federelemente, welche die richtungsabhängigen Steifigkeiten der Kugeln repräsentieren. Die Modellierung erlaubt es, die „Kraft-Momenten-Umsetzung“ [OERT07] zwischen KGT-Spindel und KGT-Mutter wiederzugeben, wodurch das Übertragungs- und Antwortverhalten geliefert wird. [OERT07]

DAMBACHER [DAMB05] thematisiert die Analyse von Kugelgewindetrieben mit hohem Kontaktwinkel. Die Simulation der Kinematik von Kugelgewindetrieben baut auf einem Starrkörpermodell von KGT-Spindel, KGT-Mutter und Kugeln auf. Das Modell vereinfacht alle Kugeln als gleich tragend und berücksichtigt nur eine Kugel je Umlauf. Zudem sind axiale Verformungen oder Torsion der KGT-Spindel und KGT-Mutter nicht in die Berechnung eingebunden. Ähnlich wie GOLZ vereinfacht DAMBACHER sein Modell durch die Reduzierung der betrachteten Kugeln, woraus unvermeidbare Abweichungen zu realem Verhalten auftreten.

Die Ursachen des vorzeitigen Ausfalls von Kugelgewindetrieben in Kunststoffspritzgussmaschinen stehen bei JAROSCH [JARO08] im Fokus. In der Arbeit wird der Einfluss dynamischer Belastungen auf den Verschleiß von Kugelgewindetrieben herausgestellt. Mittels experimenteller Prüfstanduntersuchungen konnte ein abrasiver Verschleiß an zwei Probenkörpern festgestellt werden. Durch numerische Strukturanalysen gelang eine präzisere qualitative Beschreibung der Kontaktspannung innerhalb von Kugelgewindetrieben. JAROSCH erweitert ein Verschleißmodell um einen Abrasivanteil, eine weitreichende Validierung des Modells wird nicht durchgeführt.

FORSTMANN [FORS10] untersucht ebenfalls die Lebensdauer von Kugelgewindetrieben in Kunststoffspritzgießmaschinen. Mittels einer FEM Strukturanalyse bestimmt FORSTMANN die Kräfte zwischen Kugel und Gewindelaufbahnen der KGT-Spindel und KGT-Mutter in unterschiedlichen Teilstücken entlang der Längsachse der KGT-Mutter. Aus diesen und den gesamt wirkenden Kräften ermittelt er einen lokalen Tragfaktor, welcher zur Bestimmung der Flächenpressung herangezogen wird. Zur Durchführung der Strukturanalyse wird ein ca. 15° umfassendes Segment des Kugelgewindetriebs ausgeschnitten und jeder Gewindelaufbahn eine Kugel zugeordnet. Die Kugeln werden als exakt hintereinanderliegend angenommen. Unter Verwendung der Berechnungsergebnisse des Modells sowie der Arbeiten von HABERKERN [HABE98] und JAROSCH erstellt FORSTMANN ein Lebensdauerprognosemodell für Kugelgewindetriebe. Die Wirksamkeit des Modells konnte in experimentellen Untersuchungen nicht nachgewiesen werden.

Die Lebens- sowie Gebrauchsdauer von Kugelgewindetrieben in Werkzeugmaschinenapplikationen steht bei YAGMUR [YAGM14] im Fokus. Anhand von experimentellen Untersuchungen wird der Einfluss des Rucks auf die Gebrauchsdauer von Kugelgewindetrieben nachgewiesen. Der Ruck, als die zeitliche Differentiation der Beschleunigung, ist eine der wesentlichen physikalischen Größen bei der Geschwindigkeitsführung von Vorschubachsen in Werkzeugmaschinen. YAGMUR beobachtet für den Ruck einen Grenzwert, oberhalb dessen eine Degradierung der nominal berechneten Lebensdauer festgestellt werden kann. Basierend auf seinen Beobachtungen erweitert YAGMUR die Lebensdauerberechnung um einen Hubfaktor. Der Hubfaktor bestimmt sich in Abhängigkeit der Umdrehungen pro Hub und modifiziert die Last in der normierten Lebensdauergleichung. Die Berücksichtigung des Rucks innerhalb der Lebensdauerbetrachtung ist insbesondere vor dem Hintergrund der zunehmenden Maschinendynamik bedeutsam.

MÜNZIG [MÜNZ17] untersucht die Lebensdauer von Kugelgewindetrieben bei oszillierenden Bewegungen und dynamischen Lasten für den Einsatz in der Primärflugsteuerung eines Hubschraubers. Er erstellt eine zur genormten Lebensdauerberechnung für Kugelgewindetriebe nach [DIN11d] erweiterte Lebensdauerberechnung, indem er eine Abhängigkeit der Kugelposition, relativ zum Mittelpunkt der KGT-Spindel, implementiert. Ein experimenteller Nachweis der bestimmten Lebensdauer wurde für Winkel oberhalb eines definierten kritischen Wertes erbracht. Jedoch erreichen alle untersuchten Kugelgewindetriebe die nominelle Lebensdauer nach dem von MÜNZIG festgelegten Bewertungskriterium. Zudem schlussfolgert MÜNZIG aus den durchgeführten Untersuchungen, „dass externe Rückführungen grundsätzlich besser zur Vermeidung von Verschleißerscheinungen geeignet sind als interne mittels Umlenkstücken“ [MÜNZ17]. Die untersuchten Kugelgewindetriebe variieren, zusätzlich zum variierenden Kugelrückführsystem, in Steigung, Anzahl der Umläufe und Material, weshalb sich überlagernde Einflüsse nicht ausschließen lassen.

Neben der Einflussnahme unterschiedlicher Belastungsformen und anderer Betriebsbedingungen auf die Lebensdauer von Kugelgewindetrieben wurde in den letzten

Jahren zunehmend an Vorhersagemethoden zur Prognose der Restlebensdauer von Kugelgewindetrieben gearbeitet. HENNRICH [HENN13] erarbeitete ein Diagnose- und Prognosesystem für Kugelgewindetriebe mit dem Ziel, einen Komponentenausfall frühzeitig zu detektieren. Er kombinierte hierzu belastungsorientierte Methoden mit zustandsorientierten Methoden. Zur Analyse des Komponentenzustands wurde die Schwingungsmessung ausgewählt. HENNRICH erarbeitete die zur Zustandserkennung geeigneten Bewegungskriterien sowie die Qualifizierung unterschiedlicher Diagnosesensoren und deren Anordnung. Zur Ermittlung der Belastungen verglich er eine motorstrombasierte Methode mit einer Analyse aufbauend auf einem Simulationsmodell in Matlab / Simulink. Beide Methoden zeigten eine grundsätzliche Eignung; da der Motorstrom ebenfalls eine Berücksichtigung der Zerspanungskräfte erlaubt, wurde diese Methode weiterverfolgt. Basierend auf experimentellen Untersuchungen konnte HENNRICH die Wirksamkeit seines Kombinationssystems aufzeigen. HENNRICH weist darauf hin, dass die belastungsbasierten Methoden auf der international gültigen DIN ISO 3408-5 [DIN11d] für Kugelgewindetriebe basieren, die Norm jedoch wesentliche technische Einflussgrößen (Schmierung, Stoßbelastung) vernachlässigt.

In den vergangenen Jahren wurden vermehrt kommerzielle Lösungen zur Berechnung des Betriebsverhaltens von Kugelgewindetrieben entwickelt. Vielfach basieren diese Lösungen auf gängigen FE-Programmen. Trotz steigender Rechenleistung bedingen die Modellierung sowie Berechnung vielfach hohe Zeitaufwände von bis zu mehreren Tagen. Um Modellierungsaufwand sowie Rechenzeit zu reduzieren, sind Spezialbibliotheken wie die der Firma MESHPARTS [MESH15] mit vordefinierten Kugelgewindetrieben verfügbar. Zur Analyse der in den Wälzkontakten der Kugeln mit den Gewindelaufbahnen der KGT-Spindel und KGT-Mutter auftretenden Phänomene sind oftmals vereinfachte analytische Modelle eingebunden. Einen hiervon abweichenden Ansatz verfolgt das Berechnungsmodell der Firma MESYS [MESY18], welches die Anbindung eines analytischen Berechnungsmodells für einen Gesamtkugelgewindetrieb an ein FE-Balkensystem erlaubt. Mittels eines FE-Knotens wird die berechnete Kugelkette des Kugelgewindetriebs an die KGT-Spindel und KGT-Mutter, welche als FE-Balkensystem definiert sind, gekoppelt. Fehlende Informationen hinsichtlich des genauen Systemablaufes sowie des experimentellen Abgleiches solch kommerzieller Lösungen erweisen sich als nachteilig für ein tiefgreifendes Verständnis des Betriebsverhaltens von Kugelgewindetrieben.

2.4.2 Statische axiale Steifigkeit und Lebensdauertheorie nach DIN ISO 3408

Static axial stiffness and operational life according to DIN ISO 3408

In [DIN11c] ist eine rechnerische Methode zur Berechnung der statischen axialen Steifigkeit von Kugelgewindetrieben vorgestellt. Die Gesamtsteifigkeit ist durch die Addition der reziproken Steifigkeiten der KGT-Spindel und des belasteten Laufbahnbereiches der KGT-Mutter beschrieben. Die Steifigkeit der KGT-Spindel wird in [DIN11c] in Abhängigkeit der Lagerposition bestimmt. Bei der rechnerischen Bestimmung der Steifigkeit des belasteten Laufbahnbereiches in der KGT-Mutter sind die

Anzahl der Umläufe, die Gewindesteigung der nominale Kontaktwinkel sowie der Elastizitätsmodul von KGT-Spindel und KGT-Mutter berücksichtigt. Zudem sind die Kontakt- oder Wirkdurchmesser an KGT-Spindel und KGT-Mutter sowie ein eventuell vorhandener Bohrungsdurchmesser in der KGT-Spindel einbezogen. Die Berechnung liefert die Gesamtsteifigkeit eines Kugelgewindetriebs für eine gegebene Länge der KGT-Spindel. Die Methode nimmt unterschiedliche Vereinfachungen vor, weshalb eine detaillierte Beschreibung und Analyse der im Wälzkontakt auftretenden Mechanismen nicht ermöglicht ist. Insbesondere sind die ungleichmäßige Lastverteilung innerhalb des Wälzbereiches, die Änderung des Kontaktwinkels unter Last sowie die Mutterausdehnung in [DIN11c] nicht berücksichtigt.

Die Berechnung der Lebensdauer von Kugelgewindetrieben nach [DIN11d] basiert auf den Arbeiten von LUNDBERG UND PALMGREEN [LUND52] zur Lebensdauerbetrachtung von Wälzlagern und wurde durch die Arbeiten von BÖGELSACK [BÖGE66] und HILMER zur Anwendung bei Kugelgewindetrieben erweitert. Die Berechnung der nominellen Lebensdauer L von Kugelgewindetrieben in Umdrehungen erfolgt nach Gl. (2.12) und gibt das Verhältnis der dynamischen Tragzahl des Kugelgewindetriebs C_a und einer äquivalenten dynamischen axialen Belastung F_m wieder.

$$L_{nom} = \left(\frac{C_a}{F_m}\right)^3 \cdot 10^6 \tag{2.12}$$

Analog zur Betrachtung bei Wälzlagern erfasst die Lebensdauertheorie für Kugelgewindetriebe ausschließlich den Verschleißmechanismus der Ermüdung. Andere, aufgrund der Kinematik und anwendungsspezifischen Belastungen auftretende Verschleißmechanismen finden keine Beachtung, vgl. [GOLZ90]. Die Lebensdauer eines Kugelgewindetriebs endet nach [DIN11d] mit dem ersten Auftreten eines Risses an der Werkstückoberfläche. Die Bestimmung der Lebensdauer lässt wesentliche Einflüsse unberücksichtigt. GOLZ führt in seiner Arbeit unter anderem die fehlende Beachtung des Kugelrückführsystems auf und verweist auf den Einfluss der Kugelrückführung auf die Roll- und Gleitbewegungen im Kugelgewindetrieb. Des Weiteren vernachlässigt die [DIN11d] wichtige Einflüsse wie eine innerhalb der KGT-Mutter variierende Lastverteilung sowie Änderungen des Lastwinkels während des Betriebs. Somit werden lokale Belastungen sowie sich unterscheidende Pressungen etc. vernachlässigt. Zudem wird der Einfluss der Drehzahl nur über eine äquivalente Drehzahl, zur Bestimmung einer äquivalenten dynamischen axialen Belastung, betrachtet. Durch Vibrationen und stoßförmige Belastungen verursachte Schädigungen werden ebenso vernachlässigt wie die Auswirkungen solcher Lasten auf den tragenden Schmierfilm [BREC18c]. Hinsichtlich der Schmierung werden weder die Art noch die bei der Verfahrbewegung durchlaufenden Reibungsgebiete (Grenzreibung, Mischreibung, Flüssigkeitsreibung) berücksichtigt [DIN11d]. Außerdem weicht die Berechnungsvorschrift der dynamischen Tragzahl für Kugelgewindetriebe, insbesondere durch die Verwendung eines anderen Reihenexponenten (0,86 anstelle von 0,7), unerlässlich von der gut erprobten Berechnung der dynamischen Tragzahl von Wälzlagern [DIN10] ab. Die

Verwendung des größeren Reihenexponenten von 0,86 resultiert, insbesondere für eine große Anzahl lasttragender Umläufe, in einer Erhöhung der dynamischen Tragzahl. Die Herkunft des in [DIN11d] angewandten Reihenexponenten konnte nicht abschließend geklärt werden [MÜNZ17]. Ebenfalls sind in der Anwendungspraxis auftretende Lastfälle durch die berechnete äquivalente dynamische axiale Belastung innerhalb der Lebensdauerberechnung teilweise nur unzureichend abgebildet [JARO08]. Unterschiedlichste Belastungen des Kugelgewindetriebs können durch die Berechnung in identischen, äquivalenten dynamischen axialen Belastungen und somit in gleichen rechnerischen Lebensdauern münden [BREC18c]. Gänzlich vernachlässigt sind in radialer Richtung zur KGT-Spindel Achse ausgerichtete Kräfte. Eine Berücksichtigung der Lasthistorie der Komponente, wie sie durch moderne Monitoring Systeme möglich wäre, ist ferner nicht berücksichtigt.

2.5 Fazit zum Stand der Technik und Forschungsbedarf

Ball screw calculation methods

Kugelgewindetriebe gehören zu den zentralen Komponenten in Vorschubachsen moderner Werkzeugmaschinen. Zudem stellen sie eine Kerntechnologie für eine immer größer werdende Zahl alternativer Einsatzfelder dar. Um einen den Anforderungen der Anwendung entsprechenden Betrieb ohne unnötige Überdimensionierung sicherzustellen, ist es unerlässlich das Betriebsverhalten, also die Reaktion des Kugelgewindetriebs auf externe Lasteinleitung, Drehzahlen, Temperatur etc., bereits in der Konzeption möglichst sicher prognostizieren und bewerten zu können. Das Betriebsverhalten von Kugelgewindetrieben wird durch die intern wie extern eingeleiteten Lasten und die spezifischen Komponentengrößen, wie beispielsweise Geometrie oder Vorspannung, bestimmt. Mittels standardisierter experimenteller Untersuchungen können beispielsweise die statische axiale Steifigkeit oder das Leerlaufdrehmoment bestimmt werden [DIN11b]. Derartige Analysen erlauben es jedoch nicht, detailliertes Wissen hinsichtlich der innerhalb der Komponente auftretenden Belastungen, z. B. der Kontaktpressungen im Wälzkontakt oder deren Verformungen, zu erlangen. Dieses Wissen ist jedoch notwendig, um das Betriebsverhalten von Kugelgewindetrieben detailliert zu beschreiben und die zukunftsweisenden Anforderungen an die Komponenten, wie sie z. B. im Rahmen der Industrie 4.0 durch Predictive Maintenance etc. gestellt werden, zu befriedigen [BREC18c].

Eine so weitreichende Analyse des Komponentenverhaltens erfordert ein ganzheitliches Komponentenmodell, welches sowohl das elastische Verhalten der KGT-Spindel und KGT-Mutter als auch die im Einzelwälzkontakt vorliegenden Phänomene berücksichtigt. Derzeitige Modelle basieren häufig auf FEM Analysen, welche aufgrund der getroffenen Vereinfachungen die Phänomene im Wälzkontakt nicht hinreichend berücksichtigen. Dahingegen vernachlässigen analytische Modelle das elastische Verhalten der KGT-Spindel und KGT-Mutter oder berücksichtigen dieses nur stark abstrahiert, woraus ebenfalls große Ungenauigkeiten herrühren. Vielfach sind die Modelle zudem nicht experimentell abgeglichen und abgesichert, weshalb keinerlei

Grundlagen zur Bewertung der Modellgüte vorliegen. Kommerzielle Lösungen bieten außerdem keinen oder nur sehr beschränkten Einblick in den Berechnungsablauf, woraus zusätzliche Unsicherheiten resultieren.

Die vorgestellten Inhalte des Stands der Technik zeigen einen Bedarf nach einem erweiterten Berechnungsmodell für Kugelgewindetriebe, welches sowohl das elastische Deformationsverhalten der KGT-Spindel und KGT-Mutter als auch die Mechanismen im Einzelwälzkontakt und insbesondere deren Wechselwirkungen berücksichtigt, auf. Des Weiteren bedarf ein erweitertes Berechnungsmodell eines experimentellen Abgleichs, um dessen Güte und Potenziale zu bewerten.

3 Zielsetzung und Vorgehen

Objectives, Tasks and Modus Operandi

Der in Kapitel 2.5 abgeleitete Forschungsbedarf lässt sich wie folgt zusammenfassen:

1. Die bekannten Berechnungsmodelle für Kugelgewindetriebe beschreiben deren Betriebsverhalten nicht vollständig,
2. die bekannten experimentellen Untersuchungsmethoden ermöglichen keine detaillierte Analyse des Betriebsverhaltens von Kugelgewindetrieben.

Basierend auf dem aufgeführten Forschungsbedarf lässt sich folgende Forschungshypothese formulieren:

Ein experimentell abgeglichenes Berechnungsmodell des Betriebsverhaltens von Kugelgewindetrieben unter externen Axialkräften ermöglicht eine detaillierte Analyse der beobachteten Effekte und schafft eine Grundlage zur verbesserten Gestaltung und Überwachung von Kugelgewindetrieben.

Bei der Bearbeitung der formulierten Forschungshypothese verfolgt die Arbeit die Zielsetzung:

Die wissensbasierte Beschreibung des Betriebsverhaltens unterschiedlicher Kugelgewindetriebe zur Anwendung in Vorschubachsen von Werkzeugmaschinen unter der Einwirkung interner wie externer Belastungen.

Hieraus lassen sich für diese Arbeit nachstehende inhaltliche Schwerpunkte bestimmen:

1. Eine detaillierte Analyse des Betriebsverhaltens von Kugelgewindetrieben basierend auf den wesentlichen Konstruktionsgrößen und den eingeleiteten internen wie externen Axialkräften,
2. die Entwicklung eines erweiterten Berechnungsmodells, welches als eine Weiterentwicklung bekannter Berechnungsansätze eine detaillierte Analyse des elastischen Verhaltens der KGT-Spindel und KGT-Mutter und der im Wälzkontakt der Kugeln mit den Gewindelaufbahnen auftretenden Mechanismen sowie deren Wechselwirkungen ermöglicht,
3. die Entwicklung einer experimentellen Analysemethodik, welche das Betriebsverhalten von Kugelgewindetrieben unter veränderlichen axialen Betriebsbelastungen detailliert widerspiegelt und den Abgleich des Modells ermöglicht,
4. die Ausarbeitung der Potenziale des Berechnungsmodells bei der Gestaltung und dem Betrieb von Kugelgewindetrieben.

Die Überprüfung der Forschungshypothese erfordert die Beantwortung der folgenden Forschungsfragen:

1. Wie kann das bekannte Berechnungsvorgehen für Wälzlager auf Kugelgewindetriebe erweitert werden, sodass die geometrischen und strukturellen Besonderheiten von Kugelgewindetrieben berücksichtigt sind?

2. Wie lassen sich die Wechselwirkungen zwischen den im Wälzkontakt auftretenden Phänomenen und dem elastischen Deformationsverhalten der KGT-Spindel und KGT-Mutter beschreiben?
3. Wie können die bekannten experimentellen Untersuchungsmethoden erweitert werden, um einen Abgleich mit den Ergebnissen des Berechnungsmodells zu ermöglichen? Können weitere experimentelle Untersuchungen definiert werden?
4. Ermöglicht das Berechnungsmodell eine detaillierte Analyse des Einflusses der unterschiedlichen Konstruktionsgrößen auf das Betriebsverhalten von Kugelgewindetrieben unter axialen Betriebskräften?

Die Beantwortung der Forschungsfragen erfolgt in den nachfolgenden Kapiteln. Kapitel 4 thematisiert die Bearbeitung der ersten beiden Forschungsfragen. Die geometrischen Besonderheiten von Kugelgewindetrieben sind ebenso erläutert wie der generelle Berechnungsablauf und die eingesetzten Strategien zur Beschreibung des Betriebsverhaltens von Kugelgewindetrieben unter externen Axialkräften. Kapitel 5 fokussiert auf die Beantwortung der dritten Forschungsfrage. Hierzu wird eine Erweiterung der standardisierten experimentellen Untersuchungsmethode zur Bewertung der statischen axialen Steifigkeit vorgestellt. Zudem wird ein Abgleich der experimentellen Daten mit den durch das Berechnungsmodell ermittelten für unterschiedliche Kugelgewindetriebe durchgeführt. Die Beantwortung der vierten Forschungsfrage erfolgt in Kapitel 6, welches den Einfluss der Konstruktionsgrößen auf das Betriebsverhalten von Kugelgewindetrieben auf Basis der erzielten Berechnungsergebnisse erläutert.

4 Berechnung des Betriebsverhaltens von Kugelgewindetrieben

Calculation of the operational behavior of ball screws

Aufbauend auf den in Kapitel 2 präsentierten Grundlagen wird im folgenden Kapitel[1] ein Berechnungsmodell zur Analyse des Betriebsverhaltens von Kugelgewindetrieben vorgestellt. Der allgemeine Berechnungsablauf, die mathematische Beschreibung der Teilsysteme sowie die spezifischen Komponenteneigenschaften von Kugelgewindetrieben werden thematisiert.

4.1 Mathematisches Berechnungsmodell des Betriebsverhaltens von Kugelgewindetrieben

Simulation model for the operational behavior of ball screws

Das Betriebsverhalten von Kugelgewindetrieben ist sowohl durch das Belastungsreaktionsverhalten der KGT-Spindel und KGT-Mutter als auch durch die in jedem Wälzkontakt auftretenden Belastungsreaktionen geprägt. Daher besteht die Notwendigkeit die unterschiedlichen Teilsysteme sowie insbesondere auch deren Wechselwirkungen miteinander zu beschreiben, um daraus folgend eine möglichst realistische Beschreibung des Komponentenverhaltens abzuleiten. So muss die mathematische Beschreibung der Kinematik der Wälzkontakte, also die Beschreibung der Belastungsreaktionen der Einzelkontakte der Kugeln mit den Gewindelaufbahnen der KGT-Spindel und KGT-Mutter, vom Modell betrachtet werden. Des Weiteren ist die mathematische Beschreibung des elastischen Deformationsverhaltens der KGT-Spindel und KGT-Mutter zu berücksichtigen und mit der mathematischen Modellierung der Wälzkontakte zu verknüpfen, um das reale Betriebsverhalten bestmöglich rechnerisch nachzubilden.

Die Geometrie aber auch die Materialcharakteristiken, hierzu zählen u. a. der Elastizitätsmodul, der Schubmodul und die Querkontraktionszahl, sind mitbestimmend für das Betriebsverhalten von Kugelgewindetrieben. Die geometrischen Größen, welche das Betriebsverhalten von Kugelgewindetrieben wesentlich beeinflussen, sind in Bild 4.1 dargestellt und im Folgenden aufgeführt. Für die Beschreibung des elastischen Deformationsverhaltens der KGT-Spindel ist insbesondere die Materialstärke von Bedeutung. Diese ist durch den Außendurchmesser ($D_{\mathrm{IR,A}}$) und den Gewindegrunddurchmesser ($D_{\mathrm{G}}^{\mathrm{IR}}$) bestimmt. Im Fall einer Hohlspindel, wie sie beispielsweise für die Integration einer aktiven Spindelkühlung oder zur Gewichtsreduktion Anwendung findet, beeinflusst der Innendurchmesser der KGT-Spindel ($D_{\mathrm{IR,I}}$, nicht in Bild 4.1 abgebildet) ebenfalls das Deformationsverhalten. Auch das elastische Verhalten der

[1] Teile des Kapitels sind bereits in Cirp Annals – Manufacturing Technology [BREC18a] veröffentlicht

KGT-Mutter ist von der Materialstärke bestimmt; insbesondere der Innendurchmesser ($D_{\mathrm{OR,I}}$), der Gewindegrunddurchmesser ($D_{\mathrm{G}}^{\mathrm{OR}}$) sowie der Außendurchmesser ($D_{\mathrm{OR,A}}$, nicht in Bild 4.1 abgebildet) sind die dominanten Größen. Geometrische Besonderheiten, wie beispielsweise Flansche zur Verbindung mit der Umgebungskonstruktion, verändern das elastische Verhalten der KGT-Mutter zudem lokal. Die Kinematik der Wälzkontakte ist insbesondere vom Durchmesser der Kugeln (D_{W}), der Gewindesteigung (P_{h}) bzw. dem Steigungswinkel (φ), dem Kontaktwinkel (α) sowie von den Gewindedurchmessern ($D_{\mathrm{G}}^{\mathrm{OR}}$ und $D_{\mathrm{G}}^{\mathrm{IR}}$) und den Laufbahnradien der KGT-Spindel ($r_{\mathrm{G}}^{\mathrm{IR}}$) und KGT-Mutter ($r_{\mathrm{G}}^{\mathrm{OR}}$) bestimmt.

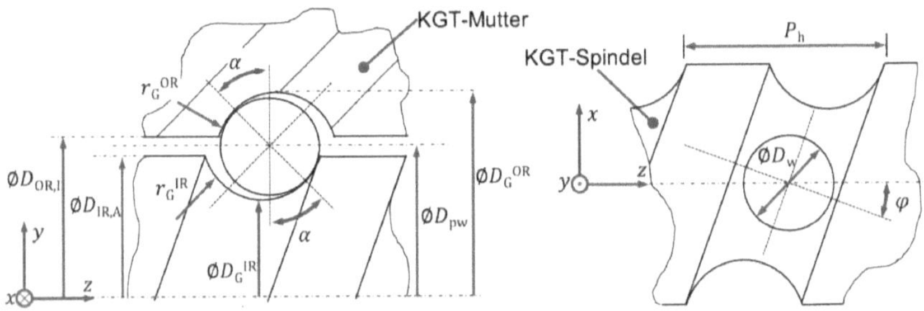

Bild 4.1: Schematische Darstellung der Kontaktgeometrie von Kugelgewindetrieben
Ball screw contact characteristics in a schematic view

Um den geometrischen Aufbau von Kugelgewindetrieben sinnvoll nachzubilden, unterteilt das Berechnungsmodell die Komponenten in Teilmodelle. Bild 4.2 zeigt allgemein die definierten Teilmodelle des Berechnungsmodells sowie deren Verknüpfung.

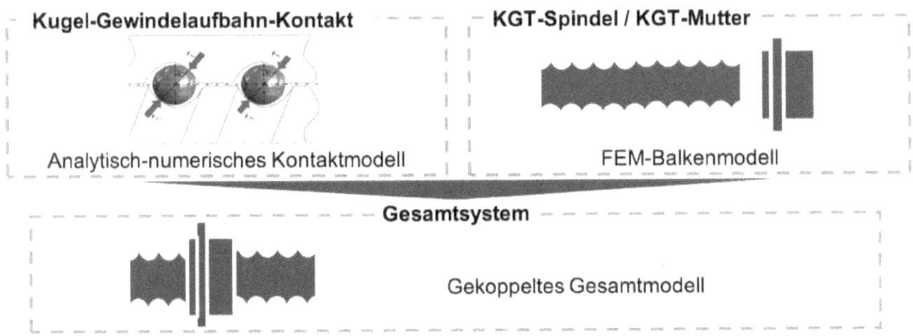

Bild 4.2: Berechnungsansatz zur mathematischen Beschreibung von Kugelgewindetrieben (vgl. [BREC18c])
Computational approach to the mathematical description of ball screws (see [BREC18c])

Mittels eines analytisch-numerischen Modells wird die detaillierte Beschreibung jedes Kugel-Gewindelaufbahn-Kontakts vorgenommen. Das elastische Deformationsverhalten der KGT-Spindel und KGT-Mutter, also deren elastische Verformung unter Einleitung interner wie externer Kräfte, ist durch ein FE-Modell nachgebildet. Zur Beschreibung des Betriebsverhaltens des gesamten Kugelgewindetriebs werden beide Teilmodelle gekoppelt. Im Gegensatz zu rein analytischen oder ausschließlich auf der Finite Elemente Methode aufgebauten Modellen erlaubt die Kopplung der Teilmodelle eine Erweiterung der Analyse. Insbesondere die Berücksichtigung der Wechselwirkungen zwischen den Teilmodellen ermöglicht die detaillierte Analyse des Komponentenverhaltens. Hierzu zählt sowohl das Deformationsverhaltens der KGT-Spindel und KGT-Mutter als auch die detaillierte Analyse der Kinematik in jedem Einzelwälzkontakt. Das Berechnungsmodell erlaubt es, in axialer wie radialer Richtung angreifende externe Kräfte zur Berechnung des Betriebsverhaltens zu berücksichtigen. In Werkzeugmaschinenanwendungen werden Kugelgewindetriebe, wie in Kapitel 2 vorgestellt, im Regelfall nahezu ausschließlich durch externe Kräfte in axialer Richtung belastet, weshalb der Fokus dieser Arbeit auf diesem Lastfall liegt. Nichtsdestotrotz werden Kugelgewindetriebe in anderen Anwendungen, wie z. B. in der Lenkungsunterstützung im Automotive Segment, vielfach durch in radialer Richtung wirkende Kräfte belastet, weshalb das Berechnungsmodell diese Kräfte ebenfalls abbilden kann. Neben den extern eingeleiteten Kräften werden auch interne Kräfte (Vorspannung) berücksichtigt.

Die Simulation des Betriebsverhaltens eines Kugelgewindetriebs unter Einwirkung einer Kraft (intern, extern oder Kombination) wird durch die Bestimmung des quasistationären Gleichgewichts zwischen allen an der KGT-Spindel und KGT-Mutter wirkenden Kräften und Momenten durchgeführt. Die auf den Kugelgewindetrieb wirkenden Belastungen in Form der Kräfte und Momente werden durch geometrische Verschiebungen der Kugelmittelpunkte sowie der Mittelpunkte der Gewindelaufbahn der KGT-Spindel zum als ortsfest angenommenen Mittelpunkt der Gewindelaufbahn der KGT-Mutter für jeden einzelnen Wälzkontakt ins Gleichgewicht gebracht. Die zur Schaffung des Gleichgewichtszustands durchgeführten Verschiebungen resultieren unmittelbar in Kontaktkräften zwischen den Kugeln und Gewindelaufbahnen von KGT-Spindel und KGT-Mutter. Zielsetzung ist es, den quasistationären Gleichgewichtszustand jedes Wälzkontaktes einzustellen. Dabei beeinflussen sich die optimalen Positionen der Kugeln sowie der Gewindelaufbahnen gegenseitig. Um dies zu berücksichtigen, erfolgen die Verschiebungen und damit einhergehend die Lösung des Kräftewie Momentengleichgewichts iterativ so lange, bis sich das gefundene Gleichgewicht unterhalb einer einstellbaren Mindestgenauigkeitsschwelle einstellt.

Die Vorgehensweise bei der Berechnung der Mechanismen im Wälzkontakt wird am Werkzeugmaschinenlabor WZL der RWTH Aachen bereits in der Wälzlagerforschung (vgl. [BREC18b], [TÜLL99], [SPAC08]) eingesetzt und ist durch experimentelle Untersuchungen für unterschiedlichste Bauformen von Wälzlagern abgeglichen. Für die Anwendung bei Kugelgewindetrieben wurde das bekannte Vorgehen an die geometrischen und strukturellen Besonderheiten von Kugelgewindetrieben angepasst und um eine FE-Berechnung des Deformationsverhaltens der KGT-Spindel und KGT-Mutter, nach dem Vorbild der Berechnung von FALKER [FALK19], erweitert.

Beschreibung der Berechnungsmethode
Description of the calculation method

Das nachfolgende Teilkapitel erläutert die angewandten Methoden zur Berechnung des Betriebsverhaltens von Kugelgewindetrieben, diese sind in die WZL-Software „MTPlus" integriert. Die Software wurde ursprünglich zur Berechnung des Betriebsverhaltens von Spindellager-Wellen-Systemen entwickelt [FALK19]. Innerhalb der Software sind unterschiedliche Lagertypen von Spindellagern, wie Schrägkugellager, Kegelrollenlager sowie das am WZL entwickelte Floating-Roller-Ball (FRB) Bearing, durch ihre geometrischen Eigenschaften implementiert. Die Software ermöglicht die Berechnung quasi-stationärer Betriebszustände der Spindellager-Wellen-Systeme, indem ein analytisch-numerisches Lagermodell mit einem FE-Modell zur Beschreibung der Wellensysteme gekoppelt ist. Die Berechnung des Betriebsverhaltens von Kugelgewindetrieben nutzt dieses von FALKER [FALK19] vorgestellte Vorgehen. Um die geometrischen Unterschiede sowie die spezifischen Eigenschaften von Kugelgewindetrieben zu berücksichtigen, wurde das Vorgehen erweitert und verändert.

Basis des Berechnungsmodells ist die Gleichgewichtsannahme des Kugelgewindetriebs, nach der sich alle internen wie externen Kräfte und Momente auf den Kugelgewindetrieb für den betrachteten Betriebspunkt im Gleichgewicht befinden. Die Bestimmung des unterstellten Gleichgewichtszustands erfolgt in einem iterativ durchlaufenden Verfahren. Zur Lösung des Gleichgewichtszustands werden die nichtlinearen Kontaktmodelle der Kugel-Gewindelaufbahn-Kontakte oder anderer Komponenten in die Gleichungssysteme zur Beschreibung des Gesamtmodells implementiert. Das Berechnungsmodell approximiert die Bauteile durch Geometriekomponenten sowie Verbindungselemente und setzt sich aus eben diesen zusammen. Um das Betriebsverhalten von Kugelgewindetrieben simulativ abzubilden, berücksichtigt das Gesamtmodell die Materialcharakteristiken der Geometriekomponenten und der Kugeln sowie die Geometrie der Kugel-Gewindelaufbahn-Kontakte. Neben den Geometriekomponenten und den Verbindungselementen müssen die am Kugelgewindetrieb angreifenden Kräfte für die Berechnung definiert werden. Der allgemeine Berechnungsablauf ist in Bild 4.3 dargestellt.

Im linken Bereich ist der allgemeine Berechnungsablauf veranschaulicht. Zuerst erfolgt die Systemdefinition. Dies bedeutet, dass die Geometriekomponenten und die Verbindungselemente definiert werden. Daran anschließend werden im Systemaufbau die Systemmatrizen der Geometriekomponenten und die Verbindungselemente als Feder-Dämpfer-Elemente angelegt. Zudem wird eine Referenz- oder Initialposition, in welcher jede Kugel lastfrei ist, bestimmt. Daran anschließend werden die definierten Berechnungsschritte im Berechnungsblock ausgeführt; die Anzahl der Berechnungsschritte lässt sich manuell durch die Schrittweite einstellen. Nach Durchlaufen des Berechnungsblocks werden die Berechnungsergebnisse ausgegeben.

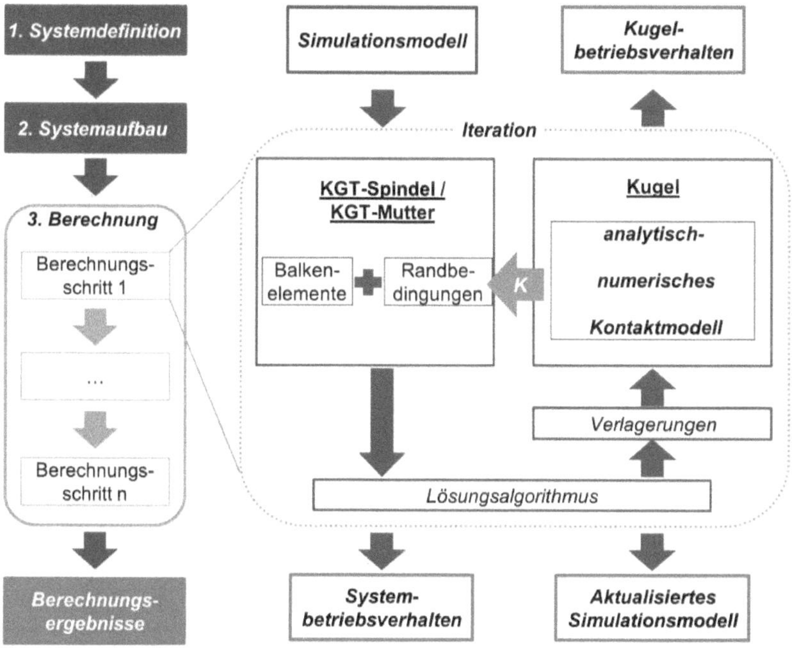

Bild 4.3: Berechnungsablauf „MTPlus-Kugelgewindetriebe" (vgl. [BREC18a]; [BREC19])
Calculation procedure "MTPlus-Kugelgewindetriebe" (see [BREC18a]; [BREC19])

Der detaillierte Berechnungsablauf jedes Berechnungsschrittes ist im rechten Teilbild dargestellt. Die Verknüpfung der Modellbeschreibungen der KGT-Spindel und KGT-Mutter mit dem analytisch-numerischen Kontaktmodell der Wälzkontakte sowie den weiteren Verbindungselementen erfolgt innerhalb der Berechnungsschritte. Dabei sind die Eigenschaften der Verbindungselemente in das mechanische Gleichungssystem der Geometriekomponenten einbezogen. Das Gleichungssystem wird iterativ gelöst. Die sich durch die Berechnung einstellenden Verschiebungen an den Verbindungselementen werden als Eingangsgrößen für den nachfolgenden Berechnungsschritt verwendet. Die sich hieraus ergebenden Aktualisierungen werden wiederum in das Gleichungssystem übertragen und im Lösungsalgorithmus verarbeitet. Nachdem die Iteration abgeschlossen ist, liegen die Ergebnisse in Form des Systembetriebsverhaltens und des Kugelbetriebsverhaltens vor. Zum Systembetriebsverhalten gehören die axialen Knotenverlagerungen der KGT-Spindel und KGT-Mutter sowie die Lastverteilung innerhalb des Wälzbereiches. Das Kugelbetriebsverhalten beinhaltet u. a. die Normalkraft, die Lastwinkel, die Kontaktpressungen und die elastische Deformation jedes Einzelkontaktes der Kugeln mit den Gewindelaufbahnen der KGT-Spindel und KGT-Mutter.

Beispielhaft soll die Definition der Bauteile eines Kugelgewindetriebs im Berechnungsmodell an Bild 4.4, welches schematisch einen Kugelgewindetrieb in Doppelmutterbauweise mit O-Vorspannung zeigt, erläutert werden.

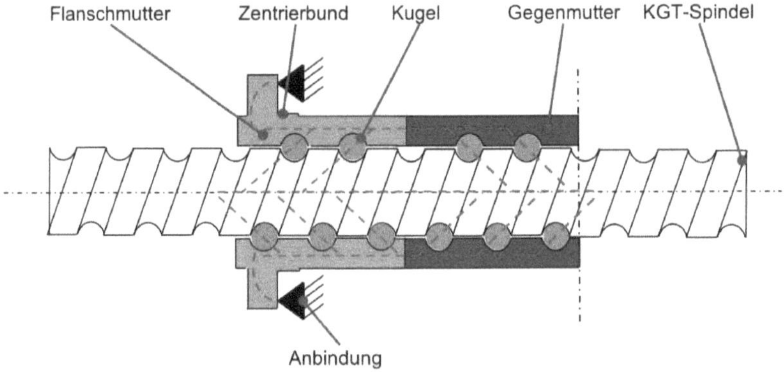

Bild 4.4: KGT in Doppelmutterbauweise mit O-Vorspannung
Ball screw with double nut arrangement and back to back preload

Die in orange dargestellte Flanschmutter ist gegen die in rot dargestellte Gegenmutter verspannt. Die in blau abgebildeten Kugeln trennen die Gewindelaufbahnen der Flansch- und Gegenmutter von denen der KGT-Spindel. In realen Anwendungen erfolgt die radiale Ausrichtung der Flanschmutter über einen Zentrierbund, axial wird die Flanschmutter mittels Befestigungsschrauben gegen die Umgebungsstruktur befestigt. Im Modell erfolgt die radiale wie axiale Fixierung der Flanschmutter an die Umgebungsstruktur vereinfacht durch eine Anbindung.

Die Einteilung in Geometriekomponenten und Verbindungselemente zeigt Bild 4.5. Ausgehend von der Systembeschreibung wird ein FE-Modell erzeugt. Die Geometriekomponenten werden durch Balkenelemente mit zwei Knoten angenähert. Jeder der Knoten besitzt sowohl drei translatorische (x, y, z) wie rotatorische $(\varphi_x, \varphi_y, \varphi_z)$ Freiheitsgrade. Die Verbindungselemente sind Feder-Dämpfer-Elemente und verbinden jeweils zwei Knoten unterschiedlicher Geometriekomponenten miteinander oder einen Knoten einer Geometriekomponente mit der Umgebung. Flanschmutter, Gegenmutter und KGT-Spindel bilden die Geometriekomponenten des Modells. Die Kugeln und die Anbindung an die Umgebung sind die Verbindungselemente des Modells. Zusätzlich dazu ist eine dimensionslose Vorspannfeder, welche die zur O-Vorspannung der Flansch- und Gegenmutter notwendige Druckkraft aufbringt, zwischen der Flansch- und Gegenmutter implementiert. Diese ist ebenfalls ein Verbindungselement. Zur Kopplung der Geometriekomponenten mit den Verbindungselementen ist jede Kugel mit je einem Knoten der KGT-Spindel und der Flansch- bzw. Gegenmutter verknüpft. Die Anbindung koppelt die Flanschmutter mit der Umgebung, während die Vorspannfeder je einen Knoten der Flansch- und Gegenmutter verbindet.

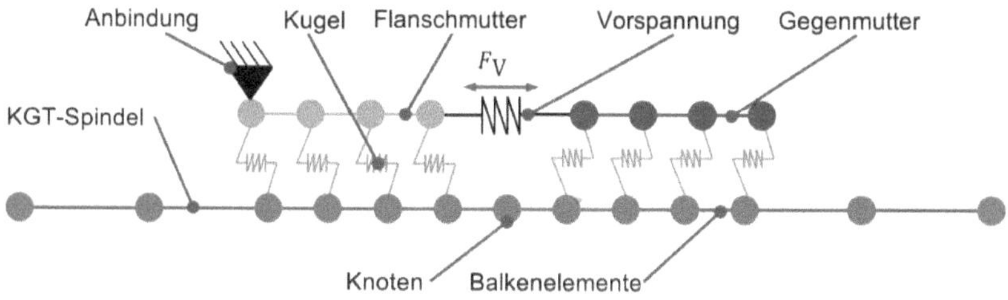

Bild 4.5: Modellbetrachtung eines KGT in Doppelmutterbauweise mit O-Vorspannung, vgl. [BREC18a]

Model of a ball screw with double nut arrangement and back to back preload, see [BREC18a]

Die Positionen der Verbindungselemente sowie die geometrische Gestaltung der Geometriekomponenten definieren die Vernetzungsdichte der FE-Balkenelemente und somit die Anordnung der Knoten. Überschreitet ein Knotenabstand einen definierten und einstellbaren Grenzwert, werden zusätzliche Knoten eingefügt und ein feineres FE-Netz erzeugt. Bei der rechnerischen Analyse von Kugelgewindetrieben ist insbesondere im Wälzbereich eine feine Vernetzung erforderlich. Als Wälzbereich ist der Bereich angenommen, in dem die Kugeln Kontakt zu den Gewindelaufbahnen von KGT-Spindel und KGT-Mutter haben und Lasten zwischen diesen übertragen (vgl. Bild 2.3).

Um eine möglichst realitätsnahe Modellierung des Betriebsverhaltens von Kugelgewindetrieben zu erreichen, ist die analytisch-numerische Beschreibung der Kugeln, also jedes Einzelwälzkontaktes einer Kugel mit den Gewindelaufbahnen der KGT-Spindel und KGT-Mutter, mit je einem Knoten des FE-Modells der KGT-Spindel und KGT-Mutter verbunden. Dies ist insbesondere notwendig, um den Besonderheiten von Kugelgewindetrieben gerecht zu werden. Wälzlager, wie z. B. Schrägkugellager, weisen allgemein für alle Wälzkörper identische Positionen der Wälzkörpermittelpunkte entlang der Spindellängsachse auf. Daraus folgt, dass für die Nenngeometrie eine in rein axialer Richtung eingeleitete Kraft gleich auf alle Wälzkörper aufgeteilt ist, was in identischen Belastungen aller Wälzkörper mündet. Alle Wälzkörper lassen sich für diesen Belastungsfall zusammenfassen und über einen Knoten mit dem Wellensystem verbinden. Im Gegensatz hierzu weisen die Kugeln in Kugelgewindetrieben aufgrund der Gewindesteigung zwangläufig unterschiedliche Positionen entlang der Längsachse der KGT-Spindel und KGT-Mutter auf. Eine eingeleitete Axialkraft resultiert folglich in einer individuellen Belastung jeder Kugel, was die Notwendigkeit zur individuellen Verknüpfung jeder Kugel mit je einem Knoten der KGT-Spindel und KGT-Mutter erforderlich macht.

Die mathematische Formulierung der Steifigkeit erfolgt für jeden Knoten durch eine 6x6 Matrix (siehe Gl. (4.1)), welche die Steifigkeiten der FE-Balkenelemente sowie der Verbindungselemente beinhaltet.

$$[K_\mathrm{K}] = \begin{bmatrix} K_x & \cdots & \cdots & \cdots & \cdots & K_{x,\varphi z} \\ \vdots & K_y & \cdots & \cdots & \cdots & \vdots \\ \vdots & \vdots & K_z & \cdots & \vdots & \vdots \\ \vdots & \vdots & \cdots & K_{\varphi x} & \vdots & \vdots \\ \vdots & \cdots & \cdots & \cdots & K_{\varphi y} & \vdots \\ K_{\varphi z,x} & \cdots & \cdots & \cdots & \cdots & K_{\varphi z} \end{bmatrix} \tag{4.1}$$

Auf der Hauptdiagonalen der Matrix sind die direkten Steifigkeiten abgebildet. Die Nebendiagonalen der Matrix beinhalten die Kreuzsteifigkeiten. Die beiden Knoten eines FE-Balkenelementes sind in einer Gesamtsteifigkeitsmatrix zusammengefasst. Hierbei handelt es sich um eine aus vier 6x6 Matrizen zusammengesetzte 12x12 Matrix, welche vereinfacht durch Gl. (4.2) dargestellt ist.

$$[K_\mathrm{K,ges}] = \begin{bmatrix} [K_{K11}] & [K_{K12}] \\ [K_{K21}] & [K_{K22}] \end{bmatrix} \tag{4.2}$$

Die Verbindungselemente, im Beispiel die Kugeln, Vorspannfeder sowie die Umgebungsanbindung, sind mittels der Knoten in das Gesamtsystem gekoppelt. Die Eigenschaften der Verbindungselemente, sprich die eingeleiteten Kräfte und daraus folgend die Reaktionen auf ebendiese, sind durch die Verlagerung der Knoten mitbestimmt. Die Knotenverlagerungen wiederum sind von den Reaktionen der Verbindungselemente beeinflusst, woraus aufgrund der hohen Anzahl von Kopplungen zwischen Knoten und Verbindungselementen ein hoher Iterationsaufwand resultiert. Die allgemeine mathematische Beschreibung der Steifigkeitscharakteristik eines Verbindungselementes (K_VB), welche auf der relativen Knotenverschiebung basiert, ist in Gl. (4.3) aufgeführt.

$$K_\mathrm{VB} = \mathrm{f}(q_\mathrm{K,rel}) \tag{4.3}$$

Der Berechnungsansatz erlaubt es, beliebige Funktionen zur Formulierung der Steifigkeit zu berücksichtigen. Im vorliegenden Beispiel sind die Anbindung an die Umgebung und die Vorspannfeder als Konstanten hinterlegt. Die Berechnungen der Kugeln beinhaltet das in Kapitel 4.1.2 vorgestellte Berechnungsmodell des Kugel-Gewindelaufbahn-Kontakts. Die Modellierung der Geometriekomponenten folgt dem in Kapitel 4.1.3 vorgestellten Vorgehen.

4.1.1 Beschreibung der Kugelanordnung in Kugelgewindetrieben

Description of the ball distribution in ball screws

Vor Beginn der eigentlichen Gleichgewichtsbestimmung zur Berechnung des Betriebsverhaltens werden die notwendigen Geometrieparameter des Kugelgewindetriebs berechnet. In einer der Betriebsanalyse des Kugelgewindetriebs vorgezogenen Berechnung wird zuerst der nominale Kugelmittenkreisdurchmesser $D_\mathrm{pw,nom}$ berechnet, dieser ist dem Anwender von Kugelgewindetrieben oftmals nicht bekannt. Bild 4.6 zeigt die geometrischen Zusammenhänge zur Ermittlung des nominalen Kugelmittenkreisdurchmessers.

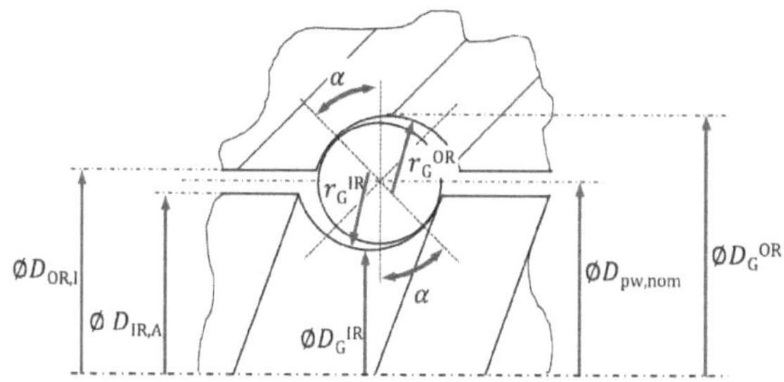

Bild 4.6: Bestimmung des Kugelmittenkreisdurchmessers
Determination of the ball screw pitch circle diameter

Der Kugelmittenkreisdurchmesser verläuft für identische Laufbahngeometrien der KGT-Mutter und KGT-Spindel mittig zwischen den Gewindegrunddurchmessern der KGT-Mutter (D_G^{OR}) und KGT-Spindel (D_G^{IR}). Weist der Kugelgewindetrieb ein Rundprofil mit identischen Gewinderadien (r_G^{IR}, r_G^{OR}) für die Gewindelaufbahnen der KGT-Spindel und KGT-Mutter auf, ist der nominelle Kugelmittenkreisdurchmesser aus den messtechnisch zu ermittelnden Gewindegrunddurchmessern der KGT-Spindel und KGT-Mutter unter Anwendung von Gl. (4.4) berechenbar.

$$D_{pw,nom} = D_G^{OR} - (\frac{D_G^{OR}}{2} - \frac{D_G^{IR}}{2}) \tag{4.4}$$

Wie in Kapitel 2.3.1 beschrieben, sind die Gewindelaufbahnen heutzutage nahezu ausschließlich als gotische Spitzbogenprofile ausgeführt. Der Gewindegrunddurchmesser, als tiefster Punkt der Gewindelaufbahnen, lässt sich in diesem Fall aufgrund der Überschneidung der Gewinderadien nicht direkt messtechnisch bestimmen, sondern muss aus der detektierbaren Geometrie berechnet werden. Ein Vorgehen zur Berechnung des Kugelmittenkreisdurchmessers aus dem messtechnisch bestimmten Gewindegrunddurchmesser der KGT-Spindel ist im Anhang aufgeführt.

$$D_{pw,nom} = \left(\frac{D_G^{OR}}{2} - r_G^{OR} + \cos\alpha\left(\frac{D_w}{2} - \left(D_w - r_G^{OR}\right)\right)\right) \cdot 2 \tag{4.5}$$

$$D_{pw,nom} = \left(\frac{D_G^{IR}}{2} + r_G^{IR} - \cos\alpha\left(\frac{D_w}{2} - \left(D_w - r_G^{IR}\right)\right)\right) \cdot 2 \tag{4.6}$$

Sind der Gewindegrunddurchmesser der KGT-Mutter oder KGT-Spindel sowie der nominale Kontaktwinkel bekannt, kann der nominale Kugelmittenkreisdurchmesser durch Anwendung von Gl. (4.5) mit den Daten der KGT-Mutter oder Gl. (4.6) mit den Daten der KGT-Spindel berechnet werden. Der nominale Kugelmittenkreisdurchmesser ist somit im Wesentlichen von unveränderlichen Geometrien sowie dem Kontaktwinkel bestimmt. Der Kontaktwinkel verändert sich während des Betriebs lastabhängig. Ausgehend von Gl. (4.5) und Gl. (4.6) ist folglich eine betriebsabhängige Änderung des Kugelmittenkreisdurchmessers möglich. Insbesondere die elastischen Deformationen unter Lasteinleitung verändern die Kontaktgeometrie der Einzelwälzkontakte und somit den Kontaktwinkel. Weitere wesentliche Kenngrößen für die Berechnung des KGT-Betriebsverhaltens sind die Verteilung und Anordnung der Kugeln innerhalb der KGT-Mutter. Im Gegensatz zu Wälzlagern haben die Kugeln bei Kugelgewindetrieben unterschiedliche Koordinaten in allen räumlichen Dimensionen. Die Anordnung der Kugeln entlang der Gewindelaufbahnen der KGT-Spindel ist exemplarisch durch Bild 4.7 verdeutlicht. Es ist erkennbar, dass jede Kugel eine individuelle Raumposition im dargestellten kartesischen Koordinatensystem einnimmt. Dies ist insbesondere von Bedeutung, da hierin die Notwendigkeit einer eigenständigen mathematischen Beschreibung jeder Kugel mitbegründet ist.

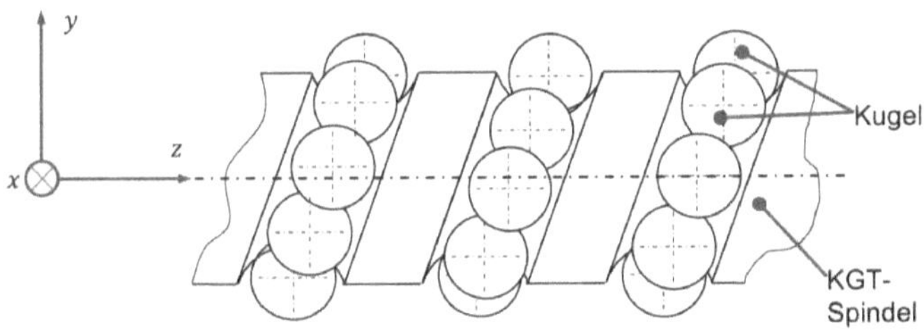

Bild 4.7: Schematische Darstellung der Kugelverteilung entlang der Gewindelaufbahn der KGT-Spindel

Schematic ball positions along the ball screw raceway

Allgemein lässt sich die KGT-Mutter in zwei Teilbereiche unterteilen, dies sind die Kugelrückführung sowie der Wälzbereich. Mathematisch berechnet sich die maximale Länge des Wälzbereiches als abgerollte Länge der Gewindelaufbahn eines Umlaufes, multipliziert mit der Anzahl der lasttragenden Umläufe i. Die reale Wälzlänge ist jedoch um die Eintrittszone und Austrittszone der Kugel aus dem Rückführsystem reduziert, was eine Reduzierung um einen für jeden Kugelgewindetrieb individuell zu bestimmenden Winkel $(\Delta\gamma_e, \Delta\gamma_a)$ notwendig macht. Die reale Länge des Wälzbereichs L_{WB} ist folglich bestimmt durch die Gewindesteigung P_{h}, den Kugelmittenkreisdurchmesser $D_{\mathrm{pw,nom}}$ sowie die um den Ein- und Austrittsbereich der Kugelrückführung reduzierte Anzahl der Umläufe Δi, Gl. (4.7).

$$L_{\mathrm{WB}} = \Delta i \cdot \sqrt{P_{\mathrm{h}}^2 + \left(D_{\mathrm{pw,nom}} \cdot \pi\right)^2} \text{ mit } \Delta i = i - \left(\frac{\Delta\gamma_{\mathrm{e}}}{360°} + \frac{\Delta\gamma_{\mathrm{a}}}{360°}\right) \tag{4.7}$$

Die max. Anzahl der Wälzkörper im Wälzbereich $n_{\mathrm{Kugel,max}}$ ist der Quotient aus der realen Wälzbereichslänge und dem Kugeldurchmesser (siehe Gl. (4.8)). Das Berechnungsmodell erfordert eine ganzzahlige Kugelanzahl im Wälzbereich. Aus diesem

Grund wird die berechnete maximale Wälzkörperanzahl immer ganzzahlig abgerundet.

$$n_{\mathrm{Kugel,max}} = \mathrm{integer}\left(\frac{L_{\mathrm{WB}}}{D_{\mathrm{w}}}\right) \tag{4.8}$$

Üblicherweise sind Kugelgewindetriebe nicht vollständig befüllt, um ungewollte Verspannungen zwischen den einzelnen Kugeln unter Last bis hin zum Verklemmen des Mutter-Spindel-Systems zu verhindern. Die Hersteller implementieren bewusst Fehlstellen in der Kugel Anordnung, wodurch ein Bereich innerhalb des Wälzbereiches oder des Rückführsystems unbesetzt ist. Eine exakte Anordnung der Position dieser Fehlstelle ist nur schwer möglich, da diese innerhalb des Betriebs ihre Position ändert. Die beschrieben ganzzahlige Abrundung der max. Kugelanzahl berücksichtigt somit eine Fehlstelle in der Kugelanordnung im Wälzbereich. Anders als beispielsweise in [DIN11d] ist die Kugelanzahl nicht für jeden Einzelumlauf betrachtet und gerundet, sondern auf die gesamte Wälzbereichslänge bezogen: Aus diesem Grund ist es möglich, dass sich die Kugelpositionen in x- und y-Richtung für jeden Umlauf unterscheiden und somit die reale Kugelverteilung bestmöglich nachbilden.

Bei der initialen Berechnung der Kugelpositionen im Wälzbereich sind folgende Annahmen getroffen:

- Der KGT wird im Wälzbereich als vollständig beladen angenommen,
- es wird von einer externen Umlenkung ausgegangen,
- die Anzahl der tragenden Gewindelaufbahnen (Umläufe) der KGT-Mutter ist bekannt,
- alle Kugeln haben denselben Kugeldurchmesser,
- die Kugeln haben exakt im Kugelmittenkreisdurchmesser Kontakt zueinander,
- es findet keine Einfederung in den Kontaktpunkten der Kugeln zueinander (Kugel-Kugel-Kontakt) statt,
- die Gesamtanzahl der Kugeln wird ganzzahlig abgerundet.

Zuerst erfolgt die Berechnung der Kugelpositionen in Polarkoordinaten. Um die räumliche Beschreibung zu vervollständigen, erhält jede Kugel zusätzlich eine individuelle Koordinate entlang der Längsachse der KGT-Spindel (KGT-Mutter, z-Koordinate). Die Berechnung der polaren Position jeder Kugel im Wälzbereich erfolgt durch die Gleichungen Gl. (4.10) bis Gl. (4.12). Der Mittelpunkt der KGT-Mutter ist als Koordinatenursprung definiert, jedem Kugelmittelpunkt werden ein Teilungswinkel Ψ_i in mathematisch negativem Sinn sowie eine z-Koordinate zugeordnet. Alle Kugeln haben den Abstand $\frac{D_{\mathrm{pw,nom}}}{2}$ zum definierten Koordinatenursprung. Die Kugelpositionen sind durch folgenden Vektor (Gl. (4.9) beschrieben:

$$P_{\mathrm{B,p}} = \begin{pmatrix} \Psi_{\mathrm{i}} \\ z_{\mathrm{i}} \\ \frac{D_{\mathrm{pw,nom}}}{2} \end{pmatrix} \tag{4.9}$$

Bild 4.8 verdeutlicht grafisch das getroffene Vorgehen und stellt die Zusammenhänge dar.

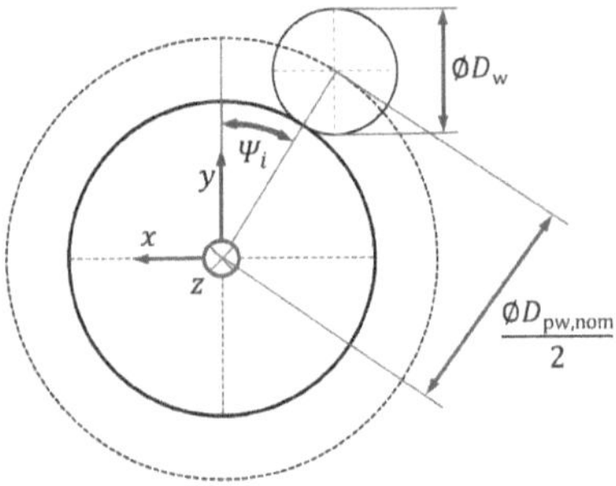

Bild 4.8: Bestimmung der polaren Kugelkoordinaten
Ball position determination in polar sphere coordinates

Die Beschreibung der Koordinaten der Kugeln erfolgt im Kugelketten Koordinatensystem (KOS). Der Ursprung der x- und y-Achse des KOS liegt wie beschrieben im Zentrum der KGT-Mutter. Der Ursprung der z-Achse ist lotrecht zum Mittelpunkt der ersten Kugel im Wälzbereich angeordnet. Folglich ist der ersten Kugel der Teilungswinkel 0° sowie die z-Koordinate Null zugewiesen, Gl. (4.10). Aus dieser Definition geht hervor, dass im Berechnungsmodell jeder Kugelgewindetrieb eine lasttragende Kugel an eben dieser Position aufweist.

$$P_{\mathrm{B,p,1}} = \begin{pmatrix} 0 \\ 0 \\ \frac{D_{\mathrm{pw}}}{2} \end{pmatrix} \tag{4.10}$$

Gl. (4.11) beschreibt die Position der zweiten Kugel im Wälzbereich. Der Teilungswinkel ist um den Winkel $\Delta\Psi$, die z-Koordinate um den Anteil Δz zur ersten Kugel verschoben, der Radius ist konstant.

$$P_{\mathrm{B,p,2}} = \begin{pmatrix} \Delta\Psi \\ \Delta z \\ \frac{D_{\mathrm{pw}}}{2} \end{pmatrix} \tag{4.11}$$

Die Positionen der Kugeln drei bis zur letzten Kugel n im Wälzbereich sind durch Gl. (4.12) beschrieben, wobei der Teilungswinkel nach dem Überschreiten eines vollen Umlaufes um 360° reduziert wird.

$$P_{B,p,n} = \begin{pmatrix} \Psi_{n-1} + \Delta\Psi \\ z_{n-1} + \Delta z \\ \frac{D_{pw}}{2} \end{pmatrix} \tag{4.12}$$

Das Vorgehen baut auf der Annahme identischer Kugeldurchmesser aller Kugeln im Kugelgewindetrieb auf. Dies ist für die Mehrzahl der Anwendungen korrekt, in Sonderanwendungen ist eine Bestückung der Kugelgewindetriebe mit Trennkugeln (vgl. Kapitel 2.3.4) möglich. Da die Durchmesser der Trennkugeln üblicherweise nur geringfügig von denen der Lastkugeln abweichen, ist die Berechnung der Kugelanzahl hiervon jedoch nur vernachlässigbar beeinflusst.

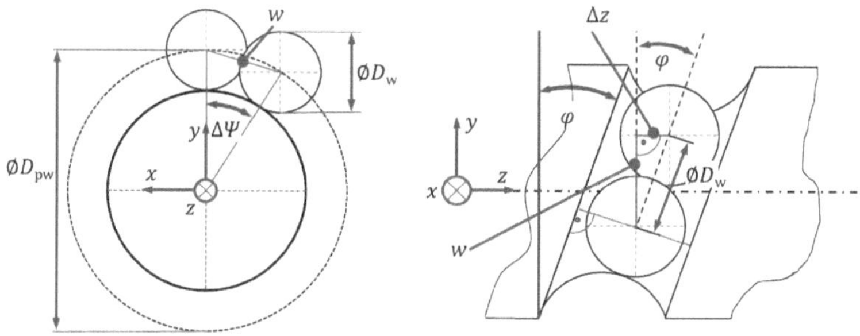

Bild 4.9: Bestimmung von $\Delta\Psi$ und Δz
Determination of $\Delta\Psi$ and Δz

Bedingt durch die Gewindesteigung ist der Kontaktpunkt der Kugeln mit den Gewindelaufbahnen um den Steigungswinkel φ zum Koordinatenursprung verdreht, siehe Bild 4.9. Bezogen auf den definierten Koordinatenursprung überdecken sich die Kugeln somit teilweise entlang der Spindelachse. Es ist angenommen, dass die Kugeln exakt im Kugelmittenkreisdurchmesser miteinander in Kontakt stehen, somit ist der gerade Abstand zweier benachbarter Kugelmittelpunkte gleich dem Kugeldurchmesser D_w. Die Kugelverschiebung in z-Richtung Δz ist durch den Steigungswinkel und den Kugeldurchmesser nach Gl (4.13) zu beschreiben.

$$\Delta z = \sin\varphi \cdot D_w \tag{4.13}$$

Die Berechnung der Teilungswinkeldifferenz $\Delta\Psi$ erfolgt durch Gl. (4.14) und Gl. (4.15), die geometrischen Zusammenhänge sind in Bild 4.9 dargestellt.

$$\Delta\Psi = 2 \cdot \arcsin\left(\frac{w}{D_{pw}}\right) \text{ mit} \tag{4.14}$$

$$w = \cos\varphi \cdot D_w \tag{4.15}$$

Ausgehend von den polaren Kugelkoordinaten erfolgt die Umrechnung der Kugelpositionen in kartesische Koordinaten. Die kartesischen Positionsvektoren der Kugeln sind nach Gl. (4.16) aufgebaut.

$$P_{\mathrm{B,k}} = \begin{pmatrix} x_{\mathrm{i}} \\ y_{\mathrm{i}} \\ z_{\mathrm{i}} \end{pmatrix} \tag{4.16}$$

Das verwendete Koordinatensystem ist in Bild 4.8 dargestellt. Die kartesischen Koordinaten der ersten Kugel sind in Gl. (4.17) gezeigt.

$$P_{\mathrm{B,k,1}} = \begin{pmatrix} -\dfrac{D_{\mathrm{pw}}}{2} \\ 0 \\ 0 \end{pmatrix} \tag{4.17}$$

Die Berechnung der nachfolgenden Positionsvektoren folgt aus dem berechneten polaren Teilungswinkel der jeweiligen Kugel. Die zugehörigen x- und y-Koordinaten berechnen sich nach Gl. (4.18) und Gl. (4.19). Die z-Koordinaten entsprechen denen der polaren Darstellungsweise.

$$x_{\mathrm{i}} = \sin \Psi_{\mathrm{i}} \cdot \frac{D_{\mathrm{pw}}}{2} \tag{4.18}$$

$$y_{\mathrm{i}} = \cos \Psi_{\mathrm{i}} \cdot \frac{D_{\mathrm{pw}}}{2} \tag{4.19}$$

Aufgrund des definierten Koordinatenursprungs nehmen die x- und y-Koordinaten positive sowie negative Werte an. Folgende Abhängigkeiten sind hierbei zu beachten:

- Für $\Psi_i \geq 90°$ ist $x_i \geq 0$,
- für $\Psi_i \geq 180°$ ist $y_i \geq 0$,
- für $180° \geq \Psi_i \geq 90°$ ist $x_i \geq 0$ und $y_i \leq 0$.

Aus den vorgestellten Gleichungen geht hervor, dass jede Kugel eigenständige x-, y- und z-Koordinaten aufweist. Die Kugeln sind somit in der Regel hinsichtlich ihrer x- und y- Koordinate ungleich entlang der Spindelachse angeordnet. Wie beschrieben ist die Anzahl der lasttragenden Kugeln immer ganzzahlig abgerundet, wodurch eine Fehlstelle innerhalb der Wälzbereichslänge definiert ist. Ist zudem eine weitere Reduzierung der Anzahl der lasttragenden Kugeln erforderlich, kann die prozentuale Beladung des Kugelgewindetriebs innerhalb der Programmstruktur angepasst werden.

4.1.2 Analytisch-numerisches Berechnungsmodell des Kugel-Gewindelaufbahn-Kontaktes

Analytical-numerical calculation model of the rolling element-thread raceway contact

Die Berechnung des Kontakts der Kugeln mit den Gewindelaufbahnen der KGT-Spindel und KGT-Mutter baut auf dem Berechnungsansatz nach TÜLLMANN [TÜLL99] zur analytisch-numerischen Beschreibung von Schrägkugellagern auf. Grundidee des Berechnungsmodells ist die Annahme, dass sich interne und externe Belastungen aufheben. Das Berechnungsverfahren unterstellt für alle angreifenden internen und externen Kräfte und Momente einen quasi-stationären Gleichgewichtszustand für den betrachteten Betriebspunkt. Die Berechnung dieses Gleichgewichtszustandes erfolgt durch iterative Verschiebung der Kugel und Innenringposition relativ zum als ortsfest angenommenen Lageraußenring [TÜLL99].

Für die Übertragung des Berechnungsansatzes auf Kugelgewindetriebe bedeutet dies, dass die Gleichgewichtsberechnung durch die Verschiebung der Mittelpunkte der Kugel sowie der Gewindelaufbahn der KGT-Spindel, relativ zur ortsfesten Gewindelaufbahn der KGT-Mutter, erfolgt. Die Verschiebung erfolgt abwechselnd für die Kugel und die Gewindelaufbahn der KGT-Spindel, woraus ein doppelt iterativer Ablauf resultiert. Die Berechnung des Gleichgewichts der Kugel erfordert eine Kugeliteration, welche zur Berechnung des Kontaktgleichgewichts in eine Laufbahniterationsschleife eingebunden ist. Aufgrund der in Kapitel 4.1.1 beschriebenen Charakteristika von Kugelgewindetrieben erfolgt die analytisch-numerische Berechnung eigenständig für jede Kugel mit den zugehörigen Gewindelaufbahnkontakten mit der KGT-Spindel und KGT-Mutter. Übertragen bedeutet das, dass jede Kugel als ein eigenständiges Wälzlager, welches mit den benachbarten Wälzlagern in Wechselwirkung ist, betrachtet wird.

Beschreibung des Gleichgewichtszustands des Kugel-Gewindelaufbahn-Kontaktes (Laufbahniteration)

Determination of the ball raceway contact equilibrium

Die Laufbahniteration ist die äußere Berechnungsschleife zur Berechnung des Gleichgewichtszustands eines jeden Betriebspunktes. Die zur Erfüllung der definierten Gleichgewichtsbedingung optimalen Positionen der Mittelpunkte der Kugeln sowie der Gewindelaufbahn der KGT-Spindel beeinflussen sich dabei gegenseitig, sodass jede Verschiebung der Kugeln eine Verschiebung der Gewindelaufbahn nach sich zieht und umgekehrt. Die Verschiebung der Laufbahnposition ist durch das lineare Gleichungssystem in Gl. (4.20) dargestellt.

$$\sum F = K_{\mathrm{GL}} \cdot q_{\mathrm{GL}} \Leftrightarrow q_{\mathrm{GL}} = K_{GL}^{-1} \cdot \sum F \tag{4.20}$$

$\sum F$ entspricht der Summe aller angreifenden Kräfte, welche unter Einbeziehung der Steifigkeit K_{GL} des Gewindelaufbahnkontakts entlang der einbezogenen Freiheitsgrade in den Verschiebungen q_{GL} der Gewindelaufbahn resultieren.

Den schematischen Ablauf der Laufbahniteration zeigt Bild 4.10. Innerhalb des Iterationsablaufs wird die aktualisierte Position der Gewindelaufbahn der KGT-Spindel in die Kugeliteration eingeleitet. Die Berechnung der Kontaktkräfte jedes Kugel-Gewindelaufbahn-Kontakts erfolgt durch die aus den Verschiebungen resultierenden Festkörperüberdeckungen durch Anwendung der Theorie nach HERTZ. Für die Durchführung der Gleichgewichtsiteration müssen die wirkenden Belastungen sowie die

Werkstoffcharakteristiken und die geometrischen Eigenschaften des Kugelgewindetriebs bzw. von dessen Teilkomponenten bekannt sein. Innerhalb der Kugeliteration wird das gefundene Gleichgewicht gegen einen definierten und einstellbaren Grenzwert verglichen. Ist der Grenzwert überschritten, werden unter Anwendung von Gl. (4.20) neue Verschiebungen der Laufbahnposition berechnet, auf die vorherige Position aufaddiert und erneut der Kugeliteration als Eingangsgröße übergeben. Der Durchlauf der Laufbahniteration erfolgt bis zum Unterschreiten des geforderten Grenzwertes oder zum Erreichen eines ebenfalls definierten Abbruchkriteriums.

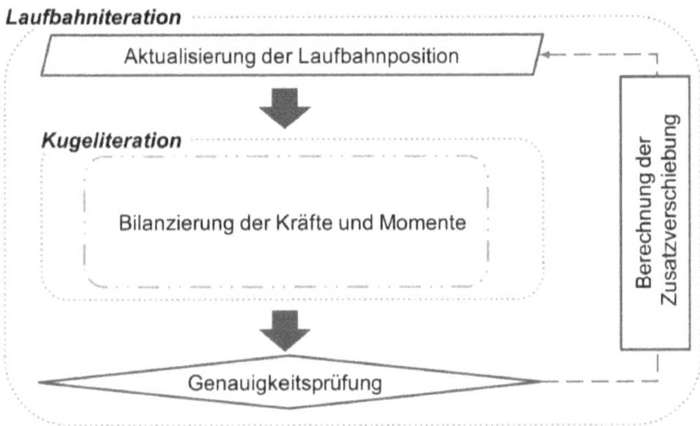

Bild 4.10: Ablaufschema der Laufbahniteration
Flow chart of the raceway iteration

Beschreibung des Gleichgewichtszustandes der Kugel (Kugeliteration)
Determination of the ball equilibrium

Zusätzlich zum bereits eingeführten Kugelketten-KOS erfordert die Beschreibung der Kräfte und Momente an den Kugeln die Einführung weiterer Koordinatensysteme (Bild 4.11).

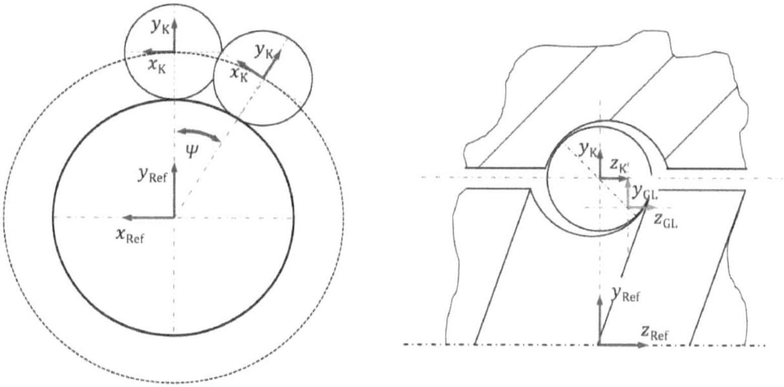

Bild 4.11: Koordinatensysteme zur Beschreibung der Kontaktmechanismen
Coordinate Systems for contact mechanics description

Jeder Kugel wird ein lokales Kugel-KOS zugeordnet, welches zur Beschreibung der Kräfte und Momente an den Kugeln dient. Mittelpunkt dieses lokalen Kugel-KOS ist der Kugelmittelpunkt. Zudem hat jede Kugel ein Referenz-KOS, welches seinen Ursprung lotrecht zum Kugelmittelpunkt im Mittelpunkt der ortsfesten KGT-Mutter hat. Des Weiteren ist jeder Kugel ein lokales KOS der Gewindelaufbahn der KGT-Mutter (GL-KOS) zugewiesen. Dessen Ursprung liegt im Mittelpunkt des Rillenradius der Gewindelaufbahn der KGT-Mutter und ist analog der Mittelpunkte der Kugel um den Teilungswinkel Ψ innerhalb der x-y-Ebene geneigt. Die Beschreibung der auf die Kugeln wirkenden Lasten erfolgt durch die Bilanzierung der Kräfte- und Momentensumme im Kontakt der Kugeln mit den Gewindelaufbahnen der KGT-Spindel und KGT-Mutter. Grundidee des Berechnungsansatzes ist es, mittels eines iterativ zu durchlaufenden Lösungsverfahrens alle notwendigen Größen in Abhängigkeit der Position und Rotationsachse der Kugel zu bestimmen und ins Kräfte- und Momentengleichgewicht zu bringen. Die Berechnung wird für jede Kugel eigenständig durchlaufen, um die Lastverteilung und ungleiche Belastung jeder Kugel im Wälzbereich zu berücksichtigen. Durch die separate Betrachtung weist jede Kugel einen eigenen Kontaktwinkel auf.

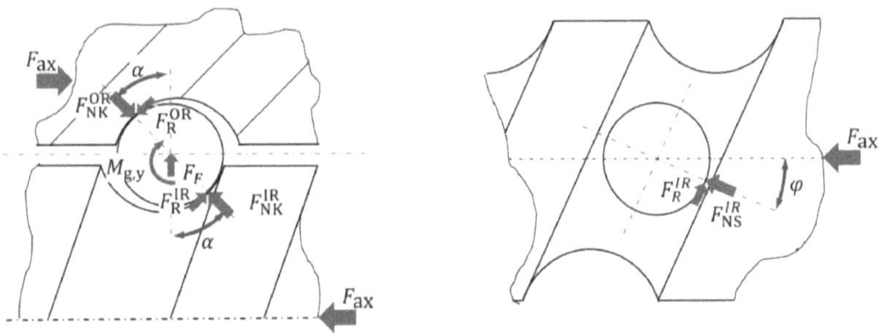

Bild 4.12: Schematische Darstellung der an den Kugeln angreifenden Kräfte und Momente
Schematic representation of the forces and moments acting on the balls

Bild 4.12 zeigt eine Übersicht der an jeder Kugel angreifenden Kräfte. Die Kräftesumme an jeder Kugel zur Beschreibung des Gleichgewichtszustands ist in Gl. (4.21) dargestellt.

$$\sum F = \begin{pmatrix} \sum F_x \\ \sum F_y \\ \sum F_z \end{pmatrix} = \begin{pmatrix} \sum F_{N,x} \\ \sum F_{N,y} \\ \sum F_{N,z} \end{pmatrix} + \begin{pmatrix} F_{F,x} \\ F_{F,y} \\ F_{F,z} \end{pmatrix} + \begin{pmatrix} F_{R,x} \\ F_{R,y} \\ F_{R,z} \end{pmatrix} = \begin{pmatrix} 0 \\ 0 \\ 0 \end{pmatrix} \tag{4.21}$$

Neben den Normalkräften $F_{N,i}$ gehen die Reibkräfte $F_{R,i}$ sowie die Fliehkräfte $F_{F,i}$ in das Kräftegleichgewicht ein. Bedingt durch die verglichen mit Spindellagern geringen Drehzahlen ist der Einfluss der Fliehkraft geringer als bei der Wälzlagerberechnung. Die Fliehkraft einer Kugel berechnet sich nach Gl. (4.22) und ist von der Winkelgeschwindigkeit ω_B, der Masse m_B und dem Kugelmittenkreisdurchmesser D_{pw} bestimmt.

$$F_F = m_B \cdot \omega_B^2 \cdot \frac{D_{pw}}{2} \tag{4.22}$$

Die formale Beschreibung der Momentensumme zeigt Gl. (4.23). Neben dem aus der Normalkraft resultierenden Moment M_N sowie dem aus der Fliehkraft resultierenden Moment M_F wird das gyroskopische Moment M_g in der Summenbilanz einbezogen.

$$\sum M = \begin{pmatrix} \sum M_{\tau_x} \\ \sum M_{\tau_y} \\ \sum M_{\tau_z} \end{pmatrix} = \begin{pmatrix} \sum M_{N,\tau_x} \\ \sum M_{N,\tau_y} \\ \sum M_{N,\tau_z} \end{pmatrix} + \begin{pmatrix} M_{F,\tau_x} \\ M_{F,\tau_y} \\ M_{F,\tau_z} \end{pmatrix} + \begin{pmatrix} M_{g,\tau_x} \\ M_{g,\tau_y} \\ M_{g,\tau_z} \end{pmatrix} = \begin{pmatrix} 0 \\ 0 \\ 0 \end{pmatrix} \tag{4.23}$$

Zur rechnerischen Bestimmung des Gleichgewichts an jeder Kugel wird deren Position zum ortsfest angenommenen Mittelpunkt der Gewindelaufbahn der KGT-Mutter variiert. Dabei sind die axiale und radiale Kugelposition sowie deren Gier- und Wälzwinkel veränderlich.

Der Gierwinkel τ_x der Kugel entspricht einer Drehung der Kugel um die z-Achse, während der Wälzwinkel τ_y einer Drehung um die y-Achse gleichkommt. Aufgrund der im Vergleich zu Hochgeschwindigkeitsspindellagern moderaten Rotationsgeschwindigkeiten von Kugelgewindetrieben sind der Gier- und Wälzwinkel nach [ROSS14] mit ausreichender Genauigkeit durch Gl. (4.24) und Gl. (4.25) beschrieben.

$$\tau_x = \alpha \tag{4.24}$$

$$\tau_y = 0 \tag{4.25}$$

Der Gierwinkel lässt sich folglich dem Kontaktwinkel gleichsetzen, während der Wälzwinkel für die i. d. R. angewandten Rotationsgeschwindigkeiten keinen Einfluss besitzt. Vor dem Hintergrund der zunehmenden Einsatzgebiete von Kugelgewindetrieben und der weiter steigenden Maschinendynamik ist ein Einfluss des Wälzwinkels in zukünftigen Anwendungsfällen nicht ausgeschlossen, weshalb dieser innerhalb des Modells berücksichtigt ist.

Bei der Positionierung der Kugel wird deren Rotation um die z-Achse nicht einbezogen, weshalb dieser Freiheitsgrad bei der Gleichgewichtsbeschreibung eliminiert ist. Zur Schaffung einer festgelegten Kugelposition ist zudem eine Verschiebung der Kugel entlang der x-Achse des Kugel-KOS (vgl. Bild 4.11) unterdrückt, weshalb auch dieser Freiheitsgrad entfällt. Gl. (4.26) zeigt die vereinfachte Gleichgewichtsformulierung.

$$F_B = \begin{pmatrix} \sum F_y \\ \sum F_z \\ \sum M_{\tau_x} \\ \sum M_{\tau_y} \end{pmatrix} = \begin{pmatrix} \sum F_{N,y} \\ \sum F_{N,z} \\ \sum M_{N,\tau_x} \\ \sum M_{N,\tau_y} \end{pmatrix} + \begin{pmatrix} \sum F_{F,y} \\ \sum F_{F,z} \\ \sum M_{F,\tau_x} \\ \sum M_{F,\tau_y} \end{pmatrix} + \begin{pmatrix} \sum F_{R,y} \\ \sum F_{R,z} \\ \sum M_{g,\tau_x} \\ \sum M_{g,\tau_y} \end{pmatrix} = \begin{pmatrix} 0 \\ 0 \\ 0 \\ 0 \end{pmatrix} \tag{4.26}$$

Für die jeweilige Kugelposition werden die Kräfte und Momente bilanziert. Der Iterationsablauf der Kugeliteration folgt dem aus [FALK19] bekannten Ablaufschema in Bild 4.13. Die Kugeliteration liefert neben den Kontaktnormalkräften und Kontaktpressungen auch die Kontaktwinkel und Verformungen in jedem Kugel-Gewindelaufbahn-Kontakt sowie die Kugelmittelpunktposition.

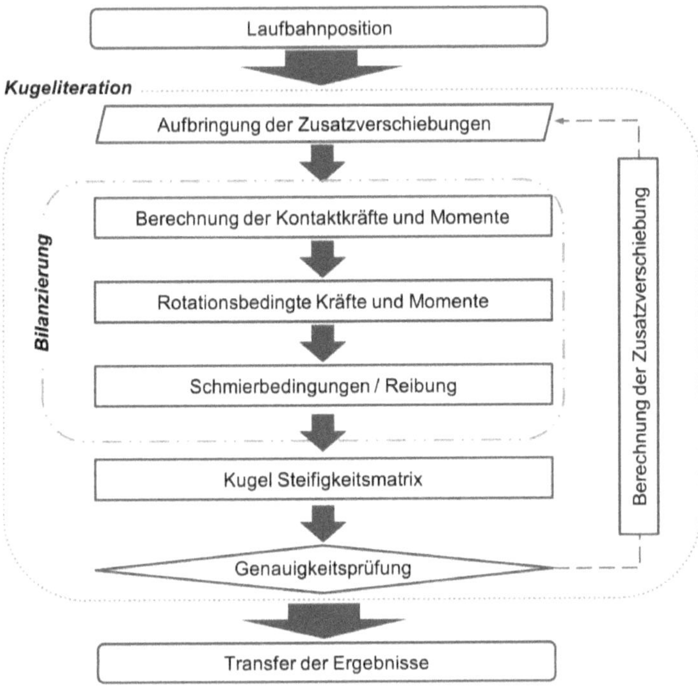

Bild 4.13: Ablaufschema der Kugeliteration, nach [FALK19]
Flow chart of the ball iteration

Die in der Laufbahniteration berechnete Laufbahnposition wird in die Kugeliteration überführt. Darauf aufbauend werden zuerst die Kontaktnormalkräfte sowie die hierdurch hervorgerufenen Momente bestimmt. Die aufgrund der Bewegung der KGT-Spindel resultierenden Effekte werden anschließend berechnet. Im Anschluss werden die der Reibung zugehörigen Kräfte und Momente ermittelt. Bedingt durch ihre Komponenten- und Bewegungscharakteristik durchlaufen Kugelgewindetriebe fortwährend das gesamte Reibungsspektrum (vgl. Kapitel 2.3.4). Für die Berechnung statischer Betriebszustände sind alle Anteile des Gleichgewichts, welche eine Rotation der KGT-Spindel oder KGT-Mutter erfordern, Null. Dieser Fall stellt den einfachsten Berechnungsfall dar.

Nach Beendigung der Kräfte- wie Momentenbilanzierung wird die Steifigkeitsmatrix der Kugel aufgestellt. Hierzu wird die aktuelle Position der Kugel in den erlaubten Freiheitsgraden in positiver und negativer Richtung infinitesimal verändert und die Kräfte- und Momentensumme berechnet. Die Steifigkeitsmatrix der Kugel $[K_B]$ ist nach Gl. (4.27) aus den Differenzkräften und Differenzmomenten, bezogen auf die Differenzpositionen der Kugel, aufgestellt.

$$[K_\mathrm{B}] = \begin{pmatrix} \frac{\Delta F_y}{2dy} & \frac{\Delta F_y}{2dz} & \frac{\Delta F_y}{2d\tau_x} & \frac{\Delta F_y}{2d\tau_y} \\ \frac{\Delta F_z}{2dy} & \frac{\Delta F_z}{2dz} & \frac{\Delta F_z}{2d\tau_x} & \frac{\Delta F_z}{2d\tau_y} \\ \frac{\Delta M_{\tau_x}}{2dy} & \frac{\Delta M_{\tau_x}}{2dz} & \frac{\Delta M_{\tau_x}}{2d\tau_x} & \frac{\Delta M_{\tau_x}}{2d\tau_y} \\ \frac{\Delta M_{\tau_y}}{2dy} & \frac{\Delta M_{\tau_y}}{2dz} & \frac{\Delta M_{\tau_y}}{2d\tau_x} & \frac{\Delta M_{\tau_y}}{2d\tau_y} \end{pmatrix} \tag{4.27}$$

Die infinitesimale Positionsveränderung der Kugel wird in positiver und negativer Richtung identisch vorgenommen. Die jeweilige Differenzposition lässt sich somit als zweifacher Wert der Positionsveränderung darstellen. Nach der Formulierung der Steifigkeitsmatrix erfolgt die bereits beschriebene Genauigkeitsprüfung. Überschreitet das gefundene Gleichgewicht den definierten Grenzwert der linearen wie rotatorischen Kugelverlagerung, erfolgt ein weiterer Durchlauf des Berechnungsablaufs mit aktualisierten Zusatzverschiebungen. Die notwendigen Zusatzverschiebungen q_B der Kugel werden durch die vektorielle Umstellung des Gleichungssystems (Gl. (4.28)) analog der Laufbahnposition bestimmt.

$$\{F_\mathrm{B}\} = [K_\mathrm{B}] \cdot \{q_\mathrm{B}\} \Leftrightarrow \{q_\mathrm{B}\} = [K_\mathrm{B}]^{-1} \cdot \{F_\mathrm{B}\} \text{ mit} \tag{4.28}$$

$$\{q_\mathrm{B}\} = \begin{pmatrix} \Delta y \\ \Delta z \\ \Delta\tau_x \\ \Delta\tau_y \end{pmatrix} \tag{4.29}$$

Die Kräfte im Kontakt der Kugeln zueinander (Kugel-zu-Kugel-Kontakt) sind nach aktuellem Stand der Forschung nicht hinreichend bekannt und werden bei der Bilanzierung nicht herangezogen. Insbesondere die im Kugel-zu-Kugel-Kontakt vorherrschende Reibkraft wäre für eine zukünftige Ausweitung der Bilanzierung von Interesse, da die Gesamtreibung durch die Reibkraft im Kugel-zu-Kugel-Kontakt beeinflusst sein wird. Des Weiteren wäre eine bessere Kenntnis der Kontaktnormalkräfte im Kugel-zu-Kugel-Kontakt von zu berücksichtigen.

Berücksichtigung der radialen Deformation der KGT-Spindel und KGT-Mutter

Consideration of the radial deformation of the ball screw spindle and nut

Die radiale Deformation der KGT-Spindel und KGT-Mutter beeinflusst das Betriebsverhalten von Kugelgewindetrieben. Insbesondere eine aus den Normalkräften zwischen den Kugeln und Gewindelaufbahnen resultierende radiale Aufweitung der KGT-Mutter bedeutet eine Veränderung des Kontaktwinkels sowie des Kugelmittenkreisdurchmessers und infolgedessen eine veränderte Kontaktmechanik. Dahingegen weist die radiale Deformation der KGT-Spindel i. d. R. ausschließlich bei Verwendung von Spindeln mit Längsbohrung (Hohlspindel), wie sie vereinzelt zur Gewichtsreduktion oder zur Implementierung einer aktiven Kühlung Anwendung finden, einen Einfluss auf die Kontaktmechanik auf.

Die Berechnung der radialen Deformation der KGT-Mutter erfolgt innerhalb des Berechnungsmodells auf Basis der aus der Festigkeitslehre bekannten Berechnungsvorschriften zur Spannungsberechnung von Zylindern unter Innendruck. Durch Anwendung der analytischen Gleichungen lassen sich Spannungen innerhalb des Bauteils sowie korrespondierende Geometrieänderungen berechnen. Hinsichtlich der zu verwendenden Gleichungen wird zwischen dünnwandigen und dickwandigen Zylindern unterschieden. Als dünnwandig sind in der Literatur Zylinder mit einem Verhältnis des Außen- zum Innendurchmesser kleiner 1,2 beschrieben [SCHA16]. Zylinder mit einem größeren Durchmesserverhältnis sind als dickwandig klassifiziert. Im Berechnungsmodell erfolgt die Berechnung der Durchmesseränderung für den Gewindegrunddurchmesser der KGT-Mutter. Die Definition der zur Berechnung benötigten Geometrie des approximierten Hohlzylinders wurde entsprechend der Darstellung in Bild 4.14 vorgenommen. Geometrische Besonderheiten am Außenmantel der KGT-Mutter, wie beispielsweise ein Flansch zur Anbindung an die Umgebungsstruktur, sind nicht berücksichtigt.

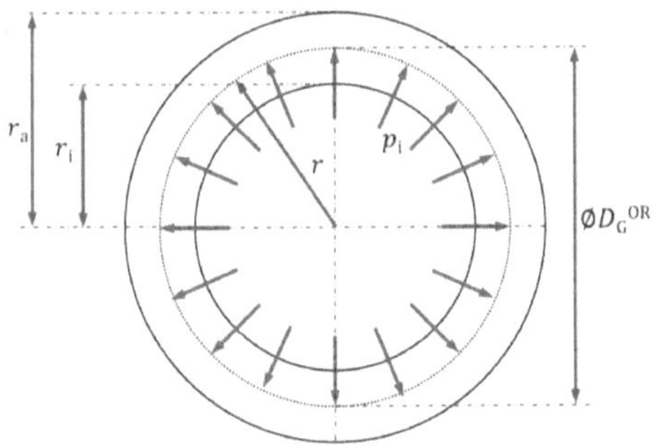

Bild 4.14: Approximation der Zylindergeometrie einer KGT-Mutter
Approach for the ball nut geometry

In den vorherigen Abschnitten wurde die angenommene ungleiche Lastverteilung innerhalb des Wälzbereiches bereits thematisiert. Aus dieser Lastverteilung folgt eine mit der Kugelposition veränderliche Normalkraft sowie Kontaktgeometrie im Kugel-Gewindelaufbahn-Kontakt. Folglich ändert sich der für die radiale Deformation der KGT-Mutter treibende radiale Anteil der Normalkraft. Um eine möglichst zutreffende Radialdeformation innerhalb des analytisch-numerischen Berechnungsmodells zu berücksichtigen, werden die orthogonal zur Mantelebene der KGT-Mutter angreifenden Anteile der Normalkräfte zwischen den Kugeln und der Gewindelaufbahn der KGT-Mutter über einen definierten Längenbereich aufsummiert und zu einem hydrostatischen Innendruck p_i gemittelt. Der angenommene Längenabschnitt ist in Schrittweiten von ¼ Umlauf einstellbar. Minimal ist somit ¼ eines Umlaufes und maximal ein gesamter

Umlauf als Längenbereich wählbar. Die Definition des Längenabschnitts ließe sich bei Bedarf innerhalb der Modellstruktur verändern. Die Berechnung der radialen Verschiebung des betrachteten Radius $u(r)$ erfolgt durch Anwendung der Gl. (4.30) unter Zuhilfenahme von Gl. (4.31) [SCHA16].

$$u(r) = \frac{p_\mathrm{i}}{E} \frac{\left[(1-\nu) \cdot \varrho^2 \cdot r + (1+\nu) \cdot \frac{r_\mathrm{i}^2}{r}\right]}{1-\varrho^2} \tag{4.30}$$

$$\varrho = \frac{r_\mathrm{i}}{r_\mathrm{a}} \tag{4.31}$$

Aus Gl. (4.30) ist ersichtlich, dass insbesondere das Materialvolumen sowie die Materialeigenschaften (Elastizitätsmodul E und Querkontraktionszahl ν) der KGT-Mutter wesentlich für deren Deformation sind. KGT-Muttern sind, analog zu den Lagerringen von Wälzlagern, weitestgehend aus 100Cr6 oder ähnlichen Materialien gefertigt, die erforderlichen Materialeigenschaften sind vollumfänglich bekannt. Das Materialvolumen ist durch den Außendurchmesser der KGT-Mutter und den Gewindegrunddurchmesser charakterisiert. Der Gewindegrunddurchmesser seinerseits ist u. a. durch den nominalen Kugeldurchmesser beeinflusst. Wird der nominale Kugeldurchmesser beispielsweise für eine ansonsten unveränderte Außengeometrie der KGT-Mutter vergrößert, vergrößert sich der Gewindegrunddurchmesser ebenfalls, woraus eine verringerte Wandstärke resultiert. Ein vergrößerter nominaler Kugeldurchmesser seinerseits bedeutet, aufgrund der vergrößerten Druckellipse, eine Reduzierung der Kontaktpressungen. Gleichwohl mündet die Vergrößerung des Gewindegrunddurchmessers bei unveränderter Außengeometrie der KGT-Mutter in einer größeren Radialdeformation. Ebenso verringert sich die axiale Steifigkeit der KGT-Mutter aufgrund des verringerten Materialquerschnitts.

Kommt eine KGT-Spindel aus Vollmaterial zum Einsatz, ist eine radiale Stauchung ebendieser i. d. R. vernachlässigbar. Gleichwohl findet für hohl gebohrte KGT-Spindeln eine Stauchung statt. Diese wird im Berechnungsmodell durch einen mittels hydrostatischem Außendruck p_a belasteten Hohlzylinder approximiert. Das Vorgehen ist analog zur KGT-Mutter (vgl. Gl. (4.30), [SCHA16]).

$$u(r) = -\frac{p_\mathrm{a}}{E} \frac{\left[(1-\nu) \cdot r + (1-\nu) \cdot \frac{r_\mathrm{i}^2}{r}\right]}{1-\varrho^2} \tag{4.32}$$

Berücksichtigung der elastischen Einfederung der Kugel

Consideration of the ball elastic deformation

Neben der radialen Deformation der KGT-Mutter (KGT-Spindel) beeinflusst die elastische Deformation der Kugeln das Betriebsverhalten von Kugelgewindetrieben. Ähnlich der radialen Deformation verändert sich die Geometrie der Kugeln durch die eingeleitete Kraft. Die Kugel wird gestaucht und infolgedessen ein ovaler Körper mit variierendem Radius. Im Berechnungsmodell ist die elastische Deformation jeder Kugel berücksichtigt. Dazu wird die Reduktion des Kugelradius durch die in die jeweilige Kugel eingeleitete Normalkraft berechnet. Die Einbindung im Berechnungsmodell erfolgt innerhalb der Berechnung des Gleichgewichtszustands der Kugel mit den Gewindelaufbahnen. Die Veränderung des Kugelradius resultiert in einer Veränderung des Positionsvektors der Kugel und folglich in einer Veränderung des Gleichgewichtszustands. Die mit der Einfederung der Kugel entlang der Achse der Normalkraft einhergehende Aufweitung orthogonal zu eben dieser Normalkraftachse ist im Berechnungsmodell nicht berücksichtigt. Hieraus resultiert eine zur Realität abweichende Kontaktfläche zwischen Kugel und Gewindelaufbahn. Während sich diese in der Realität aufgrund der Kugeldeformation unter Lasteinleitung verändert, nutzt das Berechnungsmodell den initialen Kugelradius zur Bestimmung der Kontaktfläche. Da die Berechnung der Radiusänderung die Belastung der betrachteten Kugel mit der zugehörigen Normalkraft erfordert, verläuft die Berechnung um jeweils einen Iterationsschritt verzögert. Für die Berechnung der Einfederung ist jede Kugel durch 1000 unabhängige Scheiben gleicher Länge (L) approximiert. Bild 4.15 zeigt das Vorgehen schematisch. Aufgrund der Symmetrie der Kugel wird die Berechnung der Einfederung für eine aus 500 Scheiben aufgebaute Halbkugel vorgenommen.

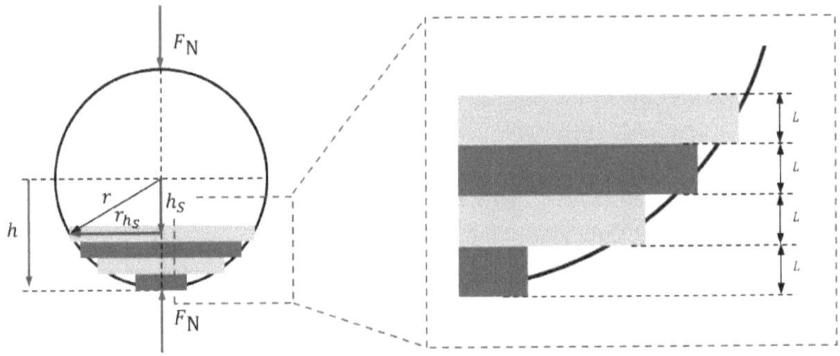

Bild 4.15: Approximation der Kugel als Scheiben äquivalenter Länge

Approach for the ball as slices of equivalent length

Anhand der Darstellung in Bild 4.15 ist ersichtlich, dass jede Scheibe einen eigenen Radius (r_{h_S}) in Abhängigkeit des Randabstands (h_S), der seinerseits von der Position der betrachteten Scheibe (n_S) bestimmt ist, besitzt. Die individuelle Grundfläche ($A_{S,n}$) jeder Scheibe berechnet sich nach Gl. (4.33).

$$A_{S,n} = r_{h_S}^2 \cdot \pi \tag{4.33}$$

Der positionsabhängige Radius berechnet sich nach Gl. (4.34).

$$r_{h_S} = \sqrt{(r^2 - h_S^2)} \text{ mit } h_S = n_S * L - \frac{L}{2} \tag{4.34}$$

Aus Gl. (4.34) folgt ein maximaler Scheibenradius für die der Kugelmittelachse zugewandte Scheibe. Aufgrund der veränderlichen Grundfläche weisen die Scheiben unterschiedliche Steifigkeiten auf. Die Berechnung der Scheibensteifigkeit $(K_{S,n})$ jeder Scheibe erfolgt durch Anwendung der Gesetzmäßigkeit nach Hook für den eindimensionalen Fall, Gl. (4.35).

$$K_{S,n} = \frac{E_S \cdot A_{S,n}}{L} \tag{4.35}$$

Der Elastizitätsmodul (E_S) aller Kugeln und damit aller Scheiben ist ebenso konstant wie die definierte Länge der Scheiben. Die Gesamtsteifigkeit der Halbkugel berechnet sich nach Gl. (4.36) als Reihenschaltung der errechneten Scheibensteifigkeiten.

$$K_{\mathrm{HK}}^{-1} = \sum_{n=1}^{m} \frac{1}{K_{\mathrm{S},n}} \tag{4.36}$$

Die im Kontakt der Kugel zur Gewindelaufbahn wirkende Normalkraft $(F_{\mathrm{N},i})$ ist für jede Kugel (i) individuell innerhalb der Gleichgewichtsberechnung bestimmt, weshalb jede Halbkugel eine eigenständige Änderung des Radius $(\Delta r_{\mathrm{K_i}})$ aufweist, welche sich nach Gl. (4.37) errechnet.

$$\Delta r_{\mathrm{K},i} = \left(\frac{F_{\mathrm{N},i}}{K_{\mathrm{HK}}}\right) \tag{4.37}$$

4.1.3 Finite Elemente Berechnungsmodell der KGT-Spindel und KGT-Mutter

Finite element simulation of ball screw spindle and ball screw nut

Die im Berechnungsmodell implementierte Berechnung des elastischen Verhaltens der KGT-Spindel und KGT-Mutter basiert auf einem Berechnungsansatz zur simulativen Berechnung von Spindellager-Wellen-Systemen [WECK03]. Die Software „NewSpilad" ermöglicht die Berechnung des Verformungsverhaltens der Wellen von Spindellager-Wellen-Systemen mittels Finiter Elemente Methode. Die Wellengeometrie wird durch Balkenelemente approximiert, welche sowohl die Steifigkeit und Masse als auch Dämpfung nachbilden. Charakterisiert sind die Balkenelemente durch ihre Geometrie sowie die Materialparameter Elastizitätsmodul und Dichte [WECK03]. Mittels linearer Kopplungen der Balken und der Umgebungselemente wird das Systemverhalten charakterisiert und durch Gl. (4.38) mathematisch beschrieben.

$$\{F\} = [K] \cdot \{q\} + [C] \cdot \{\dot{q}\} + [M] \cdot \{\ddot{q}\} \tag{4.38}$$

Die Matrizen K, C und M beschreiben die Steifigkeit, Dämpfung und Masse des Systems, während der Vektor F die auf das System wirkenden Kräfte beinhaltet. Die Vektoren $q, \dot{q}$ und $\ddot{q}$ repräsentieren die Verschiebung, Verschiebegeschwindigkeit und

Verschiebebeschleunigung. Die Beschreibung der Wälzlager erfolgt innerhalb der Simulation vereinfacht über diskrete Federelemente.

Die in [WECK03] erläuterte Methodik ermöglicht die Berechnung des statischen Last-Verformungsverhaltens des angenäherten Spindellager-Wellen-Systems wie auch dessen axiale als auch radiale Verformungen. Allgemein ermöglicht die FEM eine Approximation komplexer Bauteilstrukturen durch einfache Grundelemente, deren Verhalten bekannt ist. Eine FEM-Berechnung resultiert in einer diskreten Näherungslösung der Problemstellung, weshalb die Güte der Nachbildung wesentlich für die Genauigkeit des Berechnungsergebnisses ist. Um eine möglichst zutreffende Nachbildung der Bauteilstruktur zu erreichen, stehen unterschiedliche FE-Elemente zur Auswahl. Die Elemente unterscheiden sich in der Anzahl der Dimensionen und daraus resultierend in der Anzahl der Knoten und Freiheitsgrade.

Analog zu dem als Grundlage der Berechnung herangezogenen Berechnungsmodell für Spindellager-Systeme sind die Geometrien der KGT-Spindel und KGT-Mutter durch FE-Balkenelemente approximiert. Anzahl und Anordnung der Freiheitsgrade des simulierten Systems ergeben sich aus dem FE-Modell. Die Balkenelemente haben an ihren Enden jeweils einen translatorischen wie einen rotatorischen Freiheitsgrad, die Freiheitsgrade des Gesamtsystems sind durch die Einzelfreiheitsgrade der Einzelelemente bestimmt. Das Berechnungsmodell vereinfacht die komplexen Strukturen der KGT-Spindel und KGT-Mutter und führt eine Berechnung der angenäherten Struktur durch. Die Qualität der Berechnungsergebnisse von FE-Modellen wird grundsätzlich in hohem Maße durch deren Vernetzungsgüte sowie die Eignung der verwendeten FE-Elemente bestimmt. Daher wird eine möglichst feine Vernetzung, welche eine hohe Anzahl an Verbindungsknoten und somit eine detaillierte Auflösung nach sich zieht, angestrebt. Auf der anderen Seite steigt die benötigte Rechenleistung und somit die Berechnungsdauer mit steigender Knotenanzahl signifikant. Um einen bestmöglichen Kompromiss zwischen Rechenleistung und Modellgüte zu erzielen, sind die KGT-Spindel und die KGT-Mutter in Abhängigkeit der Anzahl der umliegenden Modellelemente vernetzt. D. h. die FE-Balkenelemente weisen unterschiedliche Knotenabstände auf, je nachdem, wie viele weitere Modellelemente in der Umgebung angeordnet sind. Gleichwohl ist der maximale Knotenabstand zur Vermeidung einer unzureichenden Vernetzungsdichte durch einen einstellbaren Grenzwert (20 mm) limitiert. Wesentlich für das Betriebsverhalten von Kugelgewindetrieben ist der Wälzbereich, in welchem die Kugeln mit den Gewindelaufbahnen der KGT-Spindel und KGT-Mutter in Kontakt stehen. Aufgrund der großen Anzahl an Modellelementen in diesem Teilbereich ist dieser entsprechend der beschriebenen Strategie enger vernetzt als beispielsweise die freien Bereiche der KGT-Spindel. Durch das dargestellte Vorgehen wird eine detaillierte Analyse der hochbelasteten Teilbereiche ermöglicht, ohne die erforderliche Rechenleistung durch eine übermäßig feine Vernetzung wenig belasteter Teilbereiche unnötig zu erhöhen.

Bild 4.16 zeigt modellhaft einen Ausschnitt des Wälzbereiches eines Kugelgewindetriebs zur Erläuterung der Approximation. Im oberen Teilbild ist schematisch die

Struktur aus KGT-Mutter, den Kugeln sowie der KGT-Spindel dargestellt. Das untere Teilbild verdeutlicht den Aufbau der angenäherten Struktur. KGT-Mutter und KGT-Spindel sind in diesem Teilbereich als engmaschige Balkenelemente angenähert, während die Kugeln und deren Kontakt mit den Gewindelaufbahnen mittels des in Kapitel 4.1.2 vorgestellten analytisch-numerischen Ersatzmodells approximiert sind. Hierin ist der grundlegende Unterschied zum Berechnungsansatz in [WECK03] zu sehen. Während dieser nur lineare Kopplungselemente berücksichtigt, ermöglicht die Einbindung des vorgestellten analytisch-numerischen Kontaktmodells in das Gesamtmodell die detaillierte Berücksichtigung und Analyse des nichtlinearen Betriebsverhaltens jedes Einzelwälzkontakts.

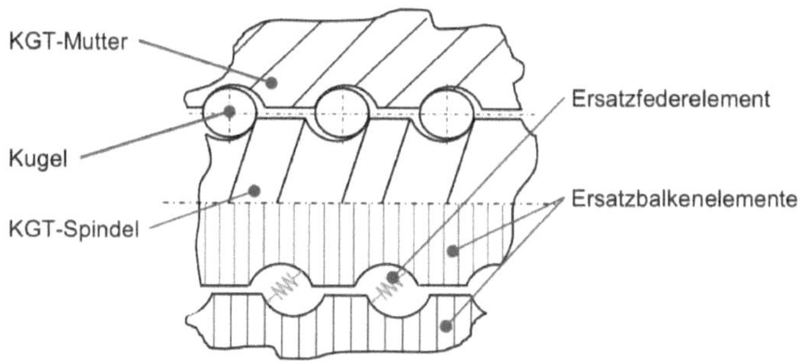

Bild 4.16: Approximationsansatz bei der Simulation von Kugelgewindetrieben

Approach for the ball screw simulation

Für die Modellierung der KGT-Spindel und KGT-Mutter finden FE-Balkenelemente nach Timoshenko Verwendung. Die Timoshenko Balkenelemente sind eine Erweiterung der Euler-Bernoulli Balkentheorie und ermöglichen es, Steifigkeitsveränderung der Balken infolge einer Schubverformung zu berücksichtigen, wodurch sich größere Verformungen und geringere Eigenfrequenzen einstellen [STEI07]. Nach [OKWU05] liefert der Balkentyp für die Modellierung kurzer, gedrungener Balken präzise Ergebnisse. Für schlanke Balken, bei denen das Verhältnis der Balkenhöhe zur Balkenlänge ($\frac{h}{l}$) gegen Null geht, liefert die Theorie keine ausreichend genauen Ergebnisse. Bei der Approximation der KGT-Spindel und KGT-Mutter in dieser Arbeit ist die Elementhöhe h immer größer als die maximale Elementlänge l, sodass sich das Verformungsverhalten durch die Verwendung von Balkenelementen nach Timoshenko annähern lässt.

Die verwendeten Balkenelemente sind durch ihre geometrischen Abmessungen sowie die Werkstoffparameter Elastizitätsmodul, Schubmodul und Dichte eindeutig beschrieben [WECK03]. Bild 4.17 zeigt schematisch die Verformung eines Euler-Bernoulli (blaue Strichlinie) und eines Timoshenko (schwarze Volllinie) Balkens aus der unverformten Lage (schwarze Punktlinie) des Balkenelements.

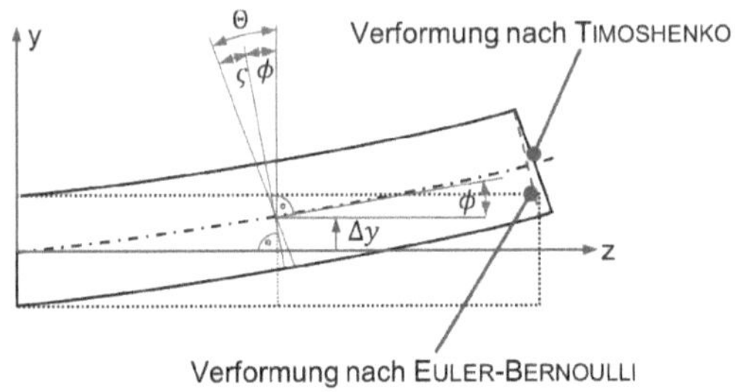

Bild 4.17: Balkenausschnitt in verformter und unverformter Lage, nach [STEI07]

Beam cutout in deformed and undeformed position

Die Berücksichtigung der Schubverformung resultiert in einem s-förmig verformten Querschnitt, der durch einen ebenen, um den Winkel ς zur Senkrechten verdrehten Querschnitt angenähert wird. Somit werden zusätzlich zu den Normalspannungen auch die Schubspannungen in den Balkenelementen berücksichtigt [STEI07].

4.1.4 Berechnungsablauf

Calculation process

Der Berechnungsablauf bilanziert den Kugelgewindetrieb für einen quasi-statischen Betriebspunkt, weshalb die geschwindigkeits- und beschleunigungsabhängigen Anteile entfallen und sich das in Gl. (4.38) definierte Kräftegleichgewicht zu Gl. (4.39) vereinfacht. Hierbei gilt es zu beachten, dass sich die Steifigkeitsmatrix $[K]$ aus der Addition der Steifigkeit der Verbindungselemente sowie der Geometriekomponenten zusammensetzt.

$$\{F\} = [K] \cdot \{q\} \tag{4.39}$$

Für vorgespannte Kugelgewindetriebe ist der erste Berechnungsschritt die Berechnung des Gleichgewichtszustands des Ausgangssystems, die sogenannte Gleichgewichtsiteration. Hierzu werden alle externen Lasten vernachlässigt und der Gleichgewichtszustand für die wirkende Vorspannkraft bestimmt. Allgemein fasst der Kraftvektor der Verbindungselemente $\{F_{\mathrm{VB}}\}$ die Kräfte nach Gl. (4.40) zusammen und berücksichtigt die aus den Knotenverlagerungen q resultierenden Reaktionskräfte $F_{\mathrm{VB,q}}$ sowie die initiale Vorspannkraft $F_{\mathrm{VB,init}}$.

$$\{F_{\mathrm{VB}}\} = F_{\mathrm{VB,q}}(q) + F_{\mathrm{VB,init}} \tag{4.40}$$

In der Gleichgewichtsiteration liegen initial keine Knotenverschiebungen vor, sodass im ersten Iterationsdurchlauf ausschließlich die Vorspannkräfte auf das System wirken. Diese verursachen Verschiebungen, sodass in jedem folgenden Iterationsdurchlauf die Knotenverschiebungen berücksichtigt werden. Die Gleichgewichtsiteration wird gestoppt, wenn sich alle wirkenden Kräfte im Gleichgewicht befinden.

Aus der Lösung des Gleichungssystems resultieren die Knotenverlagerungen, welche die elastische Deformation der Balkenelemente sowie der Verbindungselemente beinhalten. Bei jedem neuen Iterationsdurchlauf wird die Deformation des Balkens vom zurückliegenden Iterationsdurchlauf vom aktuellen Wert abgezogen, um eine ungewollte Mehrfachbetrachtung zu vermeiden. Daran anschließend werden die Steifigkeiten der Verbindungselemente mit den aktualisierten Knotenverlagerungen berechnet. Der Iterationsdurchlauf stoppt, wenn sich die Kräfte und Momente an allen Geometriekomponenten und Verbindungselementen im Gleichgewicht befinden. Um dies zu erreichen, muss die Kräftebilanz an allen Balkenelementen eine definierte und einstellbare Grenzkraft unterschreiten (Gl. (4.41)).

$$F_{\sum \mathrm{b,i}} = \sum F_{\mathrm{VB,i}} < F_{\mathrm{grenz}} \tag{4.41}$$

Nach Beendigung der Gleichgewichtsiteration erfolgt in den weiteren Berechnungsschritten die Beaufschlagung des Systems mit den externen Lasten mittels eines expliziten Lösungsalgorithmus, bei dem die externen Lasten in Teillasten aufgeteilt und schrittweise in das System eingeleitet werden. Bild 4.18 verdeutlicht das Vorgehen. Die Verlagerung δ ist über der Kraft F aufgetragen. Zur rechnerischen Nachbildung der realen Verlagerung ist die aufzubringende Kraft F in diesem Beispiel in drei äquidistanten Teilen aufgebracht. Für jede Teilkraft wird die Systemsteifigkeit bestimmt und somit die reale Steifigkeit angenähert. Die so berechnete Verlagerung δ_{ex} weicht von der realen Verlagerung δ um den Fehler $\Delta\delta$ ab. Die Größe des Fehlers ist von der Anzahl der Berechnungsschritte abhängig. Aufgrund des degressiven Kraft-Verlagerungsverhaltens kann die Schrittweite mit zunehmender Kraft zunehmen, während eine genaue Modellierung für kleine Kräfte kleine Schrittweiten erfordert. Die im Modell vorgenommene eigenständige Betrachtung jeder Einzelkugel bedingt eine Vielzahl an notwendigen Berechnungen, weshalb die Verwendung eines expliziten Lösungsalgorithmus sinnvoll ist. Der Vorteil des geringeren Rechenaufwands je Berechnungsschritt überwiegt die Nachteile, insbesondere die notwendige Anzahl der durchzuführenden Berechnungsschritte und die fehlende Konvergenzkontrolle. Das Ziel des expliziten Lösungsalgorithmus ist es, den Rechenaufwand zur Bestimmung des Gleichgewichts möglichst weit zu reduzieren, ohne die real auftretende Verlagerung unzureichend nachzubilden. Bedingt durch das nichtlineare Steifigkeitsverhalten des Kugel-Gewindelaufbahn-Kontaktes weicht die mittels des expliziten Lösungsalgorithmus berechnete Steifigkeit von der realen Steifigkeit ab. Um den Fehler möglichst klein zu halten, erfolgt die Belastung zu Beginn äußerst kleinschrittig, weshalb die Teilschritte nur sehr geringe Unterschiede aufweisen. Die definierte Anzahl von Stützstellen im unteren Lastbereich ermöglicht es, die Nichtlinearität in diesem Bereich gut zu approximieren. Mit zunehmender Belastung nimmt die Nichtlinearität ab, sodass die Teilschritte der Lasteinleitung nicht kleinschrittig äquidistant gewählt werden müssen, sondern sich mit zunehmender Belastung vergrößern können.

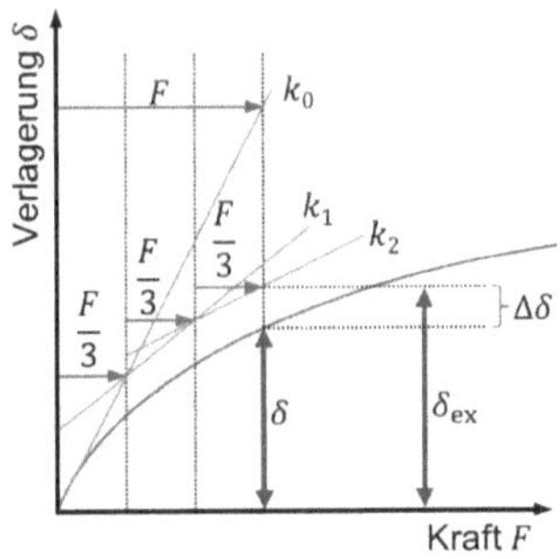

Bild 4.18: Expliziter Lösungsalgorithmus, nach [FALK19]

Explicit calculation approach

Innerhalb eines Berechnungsablaufes ist die Berechnung einer Vielzahl von Betriebspunkten, also die Einleitung unterschiedlicher externer Belastungen, möglich. Die externen Belastungen werden hierbei, ausgehend von einem einstellbaren Minimalwert, in frei wählbaren äquidistanten Abständen bis zu einem einstellbaren Maximalwert gesteigert. Die Berechnungsresultate sind für jeden Betriebspunkt separat einsehbar. Nach Durchführung des Berechnungsablaufes werden die detaillierten Resultate für jede Kugel, hierzu gehören u. a. die Kontaktpressung und Normalkraft oder der Kontaktwinkel, und das Gesamtsystem, hierzu zählen u.a. die axiale Deformation der KGT-Spindel und KGT-Mutter oder die Lastverteilung innerhalb des Wälzbereiches, für jeden betrachteten Betriebspunkt ausgegeben.

Ausgabewerte der Berechnung

Results of the calculation

Das Berechnungsmodell erlaubt die Ausgabe unterschiedlichster Berechnungsergebnisse. Das analytisch-numerische Kontaktmodell liefert die wesentlichen Charakteristika jeder einzelnen Kugel im Kontakt mit den Gewindelaufbahnen der KGT-Spindel und KGT-Mutter. Hierzu zählen u. a.:

- Die Normalkraft,
- die Kontaktpressungen,
- die Kontaktwinkel,
- die Einfederung in die Gewindelaufbahnen
- sowie die Auswertung der axialen Kräfte jeder Kugel zur Beschreibung der Lastverteilung innerhalb des Wälzbereiches.

Zusätzlich zu den Ergebnissen des analytisch-numerischen Kontaktmodells ermöglicht das Finite Elemente Berechnungsmodell der KGT-Spindel und KGT-Mutter die detaillierte Analyse der axialen Verlagerungen jedes Knotens und somit die Analyse der elastischen Deformation der KGT-Spindel und KGT-Mutter.

4.2 Zwischenfazit

Interim conclusion

Zur Bearbeitung des ersten Forschungsschwerpunkts wurden die für das Betriebsverhalten wesentlichen Konstruktionsgrößen von Kugelgewindetrieben vorgestellt. Daran anschließend wurde zur Bearbeitung des zweiten Forschungsschwerpunkts ein Berechnungsmodell für Kugelgewindetriebe vorgestellt und dessen Grundlagen sowie der Berechnungsablauf erläutert. Das Berechnungsmodell für Kugelgewindetriebe nutzt und erweitert die aus der Wälzlagertechnik bekannten Berechnungsgrundlagen und berücksichtigt und kombiniert das elastische Deformationsverhalten der KGT-Spindel und KGT-Mutter mit den Mechanismen im Einzelwälzkontakt, beantwortet demzufolge die erste formulierte Forschungsfrage. Insbesondere wurden die Wechselwirkungen zwischen den kombinierten Teilmodellen berücksichtigt, wodurch ebenfalls die zweite formulierte Forschungsfrage beantwortet wurde. Grundsätzlich erlaubt das vorgestellte Berechnungsmodell die mathematische Beschreibung des Betriebsverhaltens unterschiedlicher Bauformen von Kugelgewindetrieben, d. h. Vorspannungstypen, Mutterbauformen sowie Kontaktmechanismen. Ziel der Modellierung ist es, ein tiefgreifendes Verständnis der sich im Betrieb von Kugelgewindetrieben einstellenden Wirkzusammenhänge zu erlangen. Das Berechnungsmodell nutzt dazu das für Wälzlager-Spindel-Systeme definierte Modell nach FALKER [FALK19] und erweitert und verändert dieses für die Anwendung an Kugelgewindetrieben.

5 Untersuchung des Betriebsverhaltens von Kugelgewindetrieben

Investigation of the operational behavior of ball screw under external axial load

Das folgende Kapitel dient zur Analyse des Betriebsverhaltens von Kugelgewindetrieben unter externen Axialkräften. Zur Beschreibung des Betriebsverhaltens ziehen Hersteller wie Anwender von Kugelgewindetrieben zur Bewertung der Komponenten vornehmlich das experimentell zu bestimmende Leerlaufdrehmoment sowie die experimentell zu bestimmende statische axiale Steifigkeit heran. Methoden zur Durchführung der Messung des Leerlaufdrehmoments sowie der statischen axialen Steifigkeit sind in [DIN11b] vorgestellt.

Nachfolgend wird eine Erweiterung der standardisierten Messmethodik zur statischen axialen Steifigkeit vorgestellt und ein Abgleich der experimentellen Ergebnisse mit denen des in Kapitel 4 eingeführten Berechnungsmodells präsentiert. Zudem wird eine mögliche Methode zur experimentellen Erfassung der radialen Deformation der KGT-Mutter thematisiert.

5.1 Untersuchung des Betriebsverhaltens von Kugelgewindetrieben unter externer Axialkraft

Analysis of the operational behavior of preloaded of ball screws

Die in [DIN11b] vorgeschlagene Messmethodik der statischen axialen Steifigkeit, also des Kraft-Verlagerungsverhaltens im Stillstand, erbringt in hohem Maße reproduzierbare wie nachvollziehbare Messergebnisse mit hoher Aussagekraft und Sicherheit. Zudem sind die Messergebnisse nicht von Art und Verteilung des Schmierstoffs beeinflusst, wodurch eine hierdurch verursachte Streuung der Messergebnisse vermieden wird. Aufgrund der Vorzüge der Messgröße erfolgt die Analyse des Betriebsverhaltens der Kugelgewindetriebe in dieser Arbeit anhand von deren Kraft-Verlagerungsverhalten. Insbesondere in WZM Applikationen werden eine hohe und möglichst lineare Axialsteifigkeit sowie Spielfreiheit von Kugelgewindetrieben gefordert (vgl. Kapitel 2.3.2). Die experimentelle Bestimmung des Kraft-Verlagerungsverhaltens erlaubt insbesondere die Bewertung des Steifigkeitsverlaufes sowie des möglichen Spiels, sodass das Kraft-Verlagerungsverhalten ein sinnvolles Maß zur Bewertung des Betriebsverhaltens darstellt.

Da die nach [DIN11b] standardisierte Methode keine Bewertung des elastischen Verhaltens des untersuchten Kugelgewindetriebs ermöglicht, wurde die Messmethode um die Auswertung der axialen Verlagerung zwischen KGT-Spindel und KGT-Mutter an unterschiedlichen Messpositionen erweitert und eine umfangreichere Beurteilung ermöglicht. Die mittels der erweiterten Messmethode durchgeführten experimentellen

Analysen des Kraft-Verlagerungsverhaltens der untersuchten Kugelgewindetriebe erlauben einen Abgleich mit den mittels des Berechnungsmodells erzielten Resultaten.

Zur Analyse des Kraft-Verlagerungsverhaltens wurden sechs Kugelgewindetriebe experimentell wie rechnerisch untersucht. Die Kugelgewindetriebe sind in Doppelmutterbauweise mit Flansch- und Gegenmutter (vgl. Kapitel 2.3.2) ausgeführt. Der Nenndurchmesser aller Kugelgewindetriebe ist 40 mm, der Außendurchmesser der Gegenmutter sowie des Zylinderkörpers der Flanschmutter ist 63 mm. Der Zentrierbund zur Anbindung mit der Umgebungskonstruktion hat eine Breite von 14 mm und einen Durchmesser von 93 mm. Die Anschlussmaße des Flansches sowie dessen Gestalt sind nach [DIN02] gefertigt.

Tabelle 5.1 zeigt weitere Konstruktionsgrößen der untersuchten Kugelgewindetriebe. Alle Kugelgewindetriebe stammen aus dem Standardprogramm zweier Hersteller. Die vollständigen Geometrien, insbesondere die Fertigung der Gewindelaufbahngeometrie etc., waren bekannt, um einen bestmöglichen Abgleich des Berechnungsmodells zu ermöglichen.

Tabelle 5.1: Konstruktionsgrößen der untersuchten Kugelgewindetriebe
Design variables of the investigated ball screws

KGT	Nennsteigung (P_h) in mm	Vorspannung (F_V) in kN	Anzahl der tragenden Umläufe (i) je Mutter	Kugel-durch-messer (D_w)	Rückführung
1	15	6	4	6	extern
2	15	3	4	6	extern
3	20	4	3	6	extern
4	10	4,2	4	6	extern
5	10	3,2	4	6	extern
6	20	-	2	6	intern

5.1.1 Untersuchungsaufbau zur experimentellen Bestimmung des Kraft-Verlagerungsverhaltens vorgespannter Kugelgewindetriebe unter externer Axialkraft

Setup of the experimental investigation of the load-displacement behavior of preloaded ball screws under external axial load

Die experimentelle Untersuchung des Kraft-Verlagerungsverhaltens unter externer Axialkraft erfolgte auf dem in Bild 5.1 dargestellten Prüfstand. Der Prüfstand wurde am WZL der RWTH Aachen entwickelt und konstruiert und ermöglicht die Messung des Kraft-Verlagerungsverhaltens von Kugelgewindetrieben unterschiedlicher Nenngrößen.

Der zu untersuchende Kugelgewindetrieb wird mittels einer steifen Adapterbuchse im Klemmschlitten fixiert, die Anbindung erfolgt durch die Verschraubung des Flansches analog zur Anwendungspraxis. Die Adapterbuchse ihrerseits ist über eine g5 / H6 Passung im Klemmschlitten zentriert und durch acht Schrauben mit diesem verbunden.

Der Klemmschlitten ist mittels zweier seitlich angeordneter Linearführungen axial verschiebbar, um die Untersuchung von Kugelgewindetrieben mit unterschiedlicher Spindellänge sowie Untersuchungen an variierenden Spindelpositionen zu ermöglichen. Nachdem die Position des Klemmschlittens für die zutreffende Spindellänge eingestellt ist, wird dieser fest mit dem Prüfstandsbett verschraubt. Eine mögliche radiale Verschiebung des Klemmschlittens ist durch eine Auflageplatte (nicht im Bild erkennbar) verhindert. Die Auflageplatte ist hierzu auf das exakte Abstandmaß zwischen Prüfstandsbett und Klemmschlitten bearbeitet. Die seitlichen Linearführungen dienen ebenfalls der axialen Führung der Verdrehsicherung der KGT-Spindel sowie der optional zu verwendenden Spindelauflage am rechten Prüfstandsende. Die Verdrehsicherung verhindert eine Rotation der KGT-Spindel zur KGT-Mutter während des Prüfvorgangs. Hierzu sind zwei auf den Mantelflächendurchmesser der KGT-Spindel gefertigte Halbschalen aus Aluminium mittels einer Aufnahme auf die Spindelmantelfläche gepresst, sodass die KGT-Spindel geklemmt ist. Die Lagerung der Verdrehsicherung in den seitlichen Linearführungen erlaubt eine leichtgängige axiale Relativbewegung der KGT-Spindel zur KGT-Mutter. Die Spindelauflage nimmt im Falle einer aus dem Klemmschlitten ausragenden KGT-Spindel diese auf und stützt die KGT-Spindel radial ab.

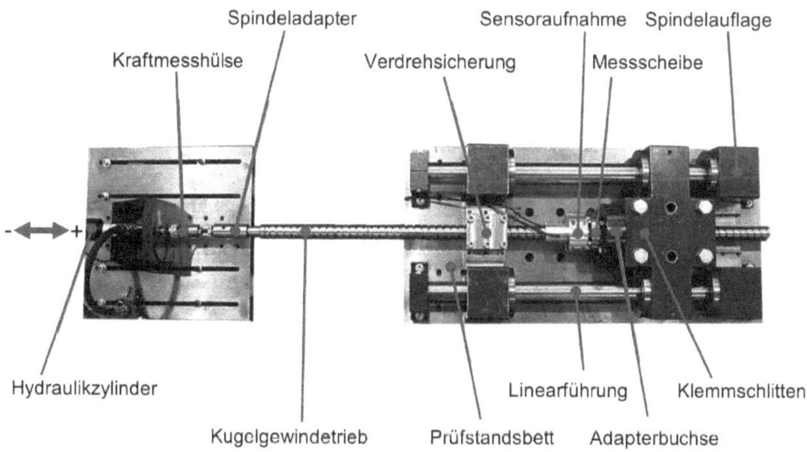

Bild 5.1: Prüfstand zur Messung der statischen axialen Steifigkeit von Kugelgewindetrieben
Test rig for measuring the static axial rigidity of ball screws

Die zur Messung des Kraft-Verlagerungsverhaltens des untersuchten Kugelgewindetriebs erforderliche externe Axialkraft wird mittels eines Hydraulikzylinders in die KGT-

Spindel eingeleitet. Der Prüfstand erlaubt es, eine Axialkraft von bis zu 10 kN auf die KGT-Spindel einzuleiten. Durch einen Spindeladapter ist die KGT-Spindel mit der Kolbenstange des Hydraulikzylinders verbunden. Der Spindeladapter ermöglicht es, Zug- (negative Wirkrichtung) sowie Druckkräfte (positive Wirkrichtung) auf den Kugelgewindetrieb aufzubringen. Die Lastübertragung erfolgt in beiden Wirkrichtungen mittels eines Formschlusses. Zudem ist der Spindeladapter so konzipiert, dass bei Lastumkehr, Druck zu Zug oder umgekehrt, ein wenige Millimeter langer Bereich kontaktlos durchfahren wird, wodurch ein definierter unbelasteter Nullpunkt bei der Lastumkehr sichergestellt ist. Aufgrund des ungleichen Flächenverhältnisses des Hydraulikzylinders liegen die Druckkräfte oberhalb der Zugkräfte bei identischem Druck der Hydraulikpumpe.

Die Messung der Axialkraft erfolgt mittels einer Kraftmesshülse. Dabei handelt es sich um einen Hohlzylinder aus Stahl, welcher mit Dehnungsmessstreifen (DMS) ausgestattet ist. DMS eignen sich im Allgemeinen zur Messung von stauchenden wie dehnenden Verformungen metallischer wie nichtmetallischer Körper. Hierzu werden die DMS unlösbar mit dem zu messenden Körper verbunden [HBM16a]. Die eingeleitete Axialkraft deformiert den Hohlzylinder, woraus eine Änderung des elektrischen Widerstands der DMS folgt. Je nach Anwendung können unterschiedliche Brückenschaltungen (z. B. Vollbrücke, Halbbrücke, Viertelbrücke) realisiert werden. Die DMS der Kraftmesshülse sind als Vollbrücke verschaltet, da diese Brückenschaltung die bestmögliche Kompensation mechanischer Störgrößen ermöglicht. Die aus der Verformung der Kraftmesshülse resultierende Änderung des elektrischen Widerstands wird in eine Axialkraft umgerechnet und aufgezeichnet. Um eine hohe Genauigkeit der Kraftmessung sicherzustellen, wird die Kraftmesshülse in kurzen zeitlichen Abständen gegen einen vorkalibrierten Kraftsensor abgeglichen. Die Abweichung zwischen Kraftmesshülse und vorkalibriertem Sensor liegen im niedrigen einstellten Prozentbereich. Aufgrund der kurzen Messdauer von weniger als 30 Sekunden sowie der Kompensation der Temperatureinflüsse durch die verwendete Vollbrückenschaltung ist der temperaturbedingte Drift der DMS-Vollbrücke vernachlässigbar klein.

Die durch die externe Axialkraft verursachte Relativverschiebung der KGT-Spindel zur KGT-Mutter wird mittels LVDT (Linear Variable Differential Transformer) Verlagerungssensoren detektiert. LVDT-Sensoren wandeln translatorische Auslenkungen in elektrische Signale und sind geeignet, kleinste Auslenkungen zu erfassen. Dazu verlagert sich ein ferromagnetischer Kern oder Stößel berührungslos innerhalb eines Spulenträgers in axialer Richtung. Der Spulenträger seinerseits besteht aus einem zylindrischen Innenrohr, in welchem der Kern axial beweglich ist, sowie einer Primärspule und zwei Sekundärspulen. Eine Auslenkung des Kerns aus seiner Mittellage hat einen Spannungsanstieg in der der Bewegung zugewandten Sekundärspule zur Folge. Mittels geeigneter Auswerteelektronik ist die Umrechnung der Spannung in eine axiale Verschiebung möglich. Der Linearitätsfehler liegt bei ca. ± 0,1% bis ± 0,3% vom Messbereich. Die Wiederholgenauigkeit liegt üblicherweise bei ca. 0,15 µm. Zur Messung der statischen axialen Steifigkeit werden zwei um 180° versetzt angeordnete LVDT-

Sensoren an der KGT-Spindel angebracht und messen die Verlagerung der KGT-Spindel relativ zur Flanschmutter. Dabei werden die Sensoren mittels einer Sensoraufnahme aus Aluminium kraftschlüssig mit der KGT-Spindel verbunden. Die Messung erfolgt dann gegen zwei plangeschliffene Messscheiben, welche vor dem Flansch der KGT-Mutter angebracht sind und die KGT-Mutter mit der Adapterbuchse klemmen.

Für die Messung des Kraft-Verlagerungsverhaltens wurde der vorhandene Prüfstand erweitert. Das in Kapitel 4 vorgestellte Berechnungsmodell ist in der Lage, die Verlagerung der KGT-Spindel zur KGT-Mutter für jeden Knoten zu bestimmen. Unter der Annahme eines nichtlinearen elastischen Verformungsverhaltens für die KGT-Spindel und KGT-Mutter ist ersichtlich, dass die relative Verlagerung zwischen den beiden Bauteilen mit zunehmendem Abstand zum Punkt der Lasteinleitung entlang der KGT-Mutter abnimmt. Auf experimenteller Ebene ist es jedoch nicht möglich, die axiale Verlagerung zwischen KGT-Spindel und KGT-Mutter an jedem beliebigen Punkt zu messen. Um das rechnerisch ermittelte Verhalten mit den experimentellen Untersuchungen abzugleichen, wurde die Verlagerung zwischen KGT-Spindel und KGT-Mutter für zwei Messpositionen ausgewertet.

Bild 5.2 verdeutlicht den erweiterten Messaufbau. Messposition 1 ist an der vorderen Seite der Flanschmutter des Kugelgewindetriebs und entspricht der Standard Messposition bei der Messung der statischen axialen Steifigkeit. In dieser Position ist, verursacht durch die lastbedingte Verlagerung der KGT-Spindel, eine große axiale Verlagerung zu erwarten. Messposition 2 ist am hinteren Ende der Gegenmutter. An dieser Position wird aufgrund der angenommenen ungleichen Lastverteilung und der daraus resultierenden abnehmenden elastischen Verformung der KGT-Spindel und KGT-Mutter eine, verglichen mit Messposition 1, geringere axiale Verlagerung erwartet. Ein Vergleich der Verlagerungen an beiden Messpositionen ermöglicht eine Bewertung des elastischen Verhaltens des Kugelgewindetriebs bei der Einleitung einer statischen Axialkraft.

Bild 5.2: Prüfstanderweiterung zum Abgleich des Simulationsmodells
Test rig extensions for comparison of the simulation model

In beiden Messpositionen werden zwei um 180° zueinander versetzt angeordnete LVDT-Sensoren zur Messung der axialen Verlagerung angebracht. Die Messung an Messposition 1 entspricht der zuvor beschriebenen Verfahrensweise. Da das Ende der Gegenmutter der untersuchten Kugelgewindetriebe im Klemmschlitten verortet ist, wird zur Messung der Verlagerung in Messposition 2 eine Mutterverlängerung an der Gegenmutter angebracht. Dabei handelt es sich um einen Zylinder aus Aluminium, welcher an seinem hinteren Ende einen Bund aufweist. Dieser dient als Kontaktfläche zu den LVDT-Sensoren. Die Sensoren sind ihrerseits in der Sensoraufnahme angeordnet, welche wiederum formschlüssig mit der KGT-Spindel verbunden ist.

Die Messungen erfolgen im Stillstand des Kugelgewindetriebs, die externe axiale Belastung wird während der Messung kontinuierlich bis zum Maximalwert gesteigert, für wenige Sekunden gehalten und anschließend bis zum Maximalwert in Gegenrichtung aufgebracht. Die aufgebrachten externen Axialkräfte waren für alle untersuchten Kugelgewindetriebe näherungsweise identisch. Die Maximalkraft wurde so gewählt, dass für alle vorgespannten Kugelgewindetriebe die maximal zulässige externe axiale Kraft unterschritten bleibt. Die externe Axialkraft in Zugrichtung betrug ca. 4.500 N und in Druckrichtung ca. 7.000 N. Die Kugelgewindetriebe wurden vor der Untersuchung jeweils mit 0,3 cm^3 Bettbahnöl des Typs S 3 M 68 des Herstellers Shell geschmiert und einer Schmierstoffverteilung unterzogen. Zur Absicherung der Messergebnisse wurden die Messungen je zweifach wiederholt. Die Aufzeichnung der externen Axialkraft und Auslenkung der LVDT-Sensoren erfolgte mittels eines hierzu mit der Software LabView des Herstellers National Instruments entwickelten und konfigurierten Programms zur Messdatenerfassung.

5.1.2 Analyse des Kraft-Verlagerungsverhaltens vorgespannter Kugelgewindetriebe unter externer Axialkraft

Analysis of the load-displacement behavior of preloaded ball screws under external axial load

Die experimentelle Bestimmung des Kraft-Verlagerungsverhaltens der benannten Kugelgewindetriebe verfolgt das Ziel, einen Vergleich mit den mittels des Berechnungsmodells ermittelten Daten zu ermöglichen. Der experimentelle Versuchsaufbau ist innerhalb des Berechnungsmodells wie nachfolgend dargestellt approximiert.

Bild 5.3 zeigt schematisch den experimentellen Aufbau zur Messung des Kraft-Verlagerungsverhaltens der Kugelgewindetriebe. Die Anbindung der KGT-Doppelmutter am Prüfstand erfolgt mittels der Anschlussgeometrie der Flanschmutter. Die Einleitung der externen Axialkraft in Druck- und Zugrichtung geschieht flanschmutterseitig. Die axiale Relativverlagerung zwischen KGT-Spindel und KGT-Mutter ist an zwei Messpositionen, an der vorderen Seite der Flanschmutter sowie am Ende der Gegenmutter, detektiert. Hierzu sind jeweils zwei LVDT-Wegsensoren mittels einer Sensoraufnahme so mit der KGT-Spindel verbunden, dass deren Relativverlagerung zur KGT-Mutter erfasst ist. Der konstruktiv notwendige axiale Abstand zwischen Sensoraufnahme und

Flansch- und Gegenmutter wurde für alle experimentellen Untersuchungen gleichgehalten.

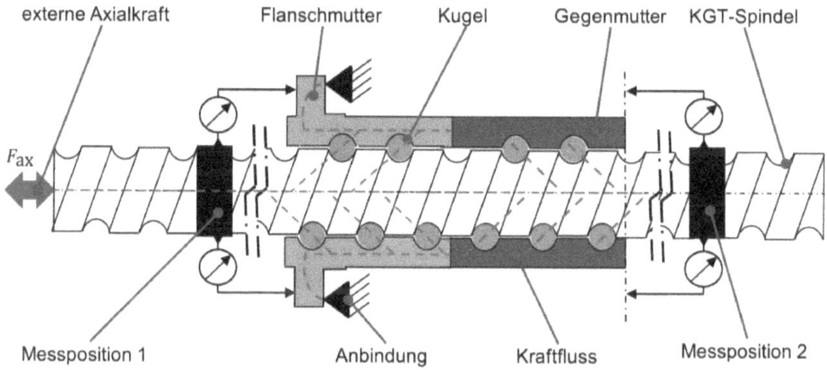

Bild 5.3: Schematische Darstellung des Messaufbaus
Schematic representation of the measurement setup

Die Nachbildung des experimentellen Aufbaus im Berechnungsmodell ist in Bild 5.4 schematisch abgebildet. Die Anbindung an die Umgebung erfolgt an der Flanschmutter, welche an einem der ersten Knoten mit der Umgebung gekoppelt ist. Es wäre jedoch ohne Weiteres möglich, die Anbindung hinsichtlich des Ortes und der Teilkomponente zu variieren. Die Relativverlagerung an Messposition 1 ist für den ersten Knoten der Flanschmutter ausgewertet. Im Experiment erfolgt die Auswertung für die zur Lasteinleitung orientierte Flanschstirnfläche, in der Modellbetrachtung entspricht der erste Knoten der Flanschmutter dieser Fläche. Im experimentellen Aufbau sind die LVDT-Wegsensoren mittels der Sensoraufnahme mit der KGT-Spindel verbunden. Konstruktionsbedingt weist die Sensoraufnahme zur Flanschmutter einen axialen Abstand auf. Im Berechnungsmodell ist dieser Abstand für die Auswertung der Knotenverlagerungen berücksichtigt. Die Auswertung ermöglicht somit eine gute Annäherung der experimentellen Bedingungen. Für den betrachteten Knoten der KGT-Spindel ist die durch den Kraftfluss bedingte Verformung der KGT-Spindel berücksichtigt. Der ausgewertete Knoten der Flanschmutter weist, parallel zum Experiment, keinen unmittelbaren Kraftfluss und folglich keine unmittelbare Lastverformung auf.

Die Bestimmung der Relativverlagerung an Messposition 2 geschieht experimentell an der hinteren Stirnfläche der Gegenmutter. In der Modellbetrachtung erfolgt die Bewertung der Relativverlagerung für den letzten Knoten der Gegenmutter. Die Bewertung der Knotenverlagerung berücksichtigt, wie für Messposition 1, den axialen Abstand der im Experiment verwendeten Sensoraufnahme. Im Gegensatz zu Messposition 1 ist der für Messposition 2 betrachtete Spindelbereich außerhalb des Kraftflusses. Die betrachteten Knoten der Gegenmutter und KGT-Spindel sind folglich nicht unmittelbar durch eine Kraft belastet, insbesondere die KGT-Spindel ist in diesem Bereich nicht deformiert. Die Analyse des Kraft-Verlagerungsverhaltens berücksichtigt die initiale, aus der Vorspannung resultierende Knotenverformung. Analog zum experimentellen Prüfaufbau ist die KGT-Spindel in der Modellbetrachtung gegen eine Rotation gesperrt. Die in der Simulation berücksichtigten maximalen Axialkräfte sind 4.500 N in Zugrichtung und 6.500 N in Druckrichtung und befinden sich auf dem Niveau der experimentellen Untersuchungen. Um das Verhalten der Kugelgewindetriebe möglichst exakt anzunähern, wurde eine Simulationsschrittweite von 250 N gewählt. Folglich baut das simulierte Kraft-Verlagerungsverhalten auf 18 Betriebspunkten in Zug- und 26 Betriebspunkten in Druckrichtung auf.

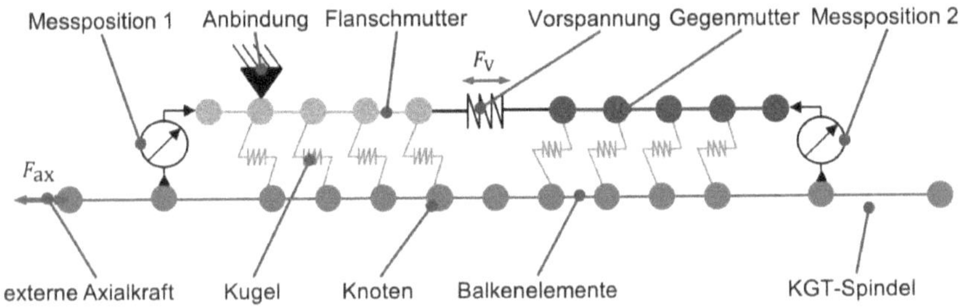

Bild 5.4: Schematische Darstellung des approximierten Modellaufbaus
Schematic representation of the approximated model structure

Bild 5.5 zeigt exemplarisch die Überlagerung zweier gemessener Kraft-Verlagerungskurven von KGT 1 für Messposition 1. Auf der Abszisse ist die mittels des Hydraulikzylinders auf die KGT-Spindel eingeleitete Axialkraft in Newton (N) aufgetragen. Negative Axialkräfte entsprechen einer Belastung in Zugrichtung, während positive Axialkräfte einer Belastung in Druckrichtung entsprechen. Auf der Ordinate ist die Verlagerung der KGT-Spindel relativ zur KGT-Mutter für Messposition 1 in Mikrometern (µm) aufgetragen. Für negative Verlagerungen entfernt sich die Sensoraufnahme von der KGT-Mutter, bei positiven Verlagerungen erfolgt eine Annäherung der Sensoraufnahme an die KGT-Mutter. Der Ursprung der Messwerterfassung liegt bei einer Axialkraft sowie Verlagerung von Null und entspricht dem Schnittpunkt der schwarz gestrichelten Linien. Der durch die blaue Volllinie dargestellte Messschrieb zeigt die Kraft-Verlagerungskurve der ersten Messung (Messung 1), der durch die rote Strichpunktlinie dargestellte Messschrieb zeigt die Kraft-Verlagerungskurve der zeitlich nachfolgenden Messung (Messung 2). Beide Messschriebe überdecken sich annähernd vollständig, sind folglich sowohl in Auslenkung als auch in Form nahezu identisch. Die Reproduzierbarkeit der Messung wird somit vorausgesetzt. Zudem zeigen die Messungen keine nennenswerte Hysterese zwischen Be- und Entlastung in Zug- wie Druckrichtung. Demnach ist die durch die externe Axialkraft hervorgerufene axiale Relativverlagerung der KGT-Spindel zur KGT-Mutter für Belastung und Entlastung des Kugelgewindetriebs fast identisch. Der sprunghafte Wechsel der Verlagerung im Ursprung der beiden Kraft-Verlagerungskurven zeigt das Spiel des zwischen

Hydraulikzylinder und KGT-Spindel montierten Spindeladapters beim Wechsel der Lastrichtung von Druck zu Zug und umgekehrt.

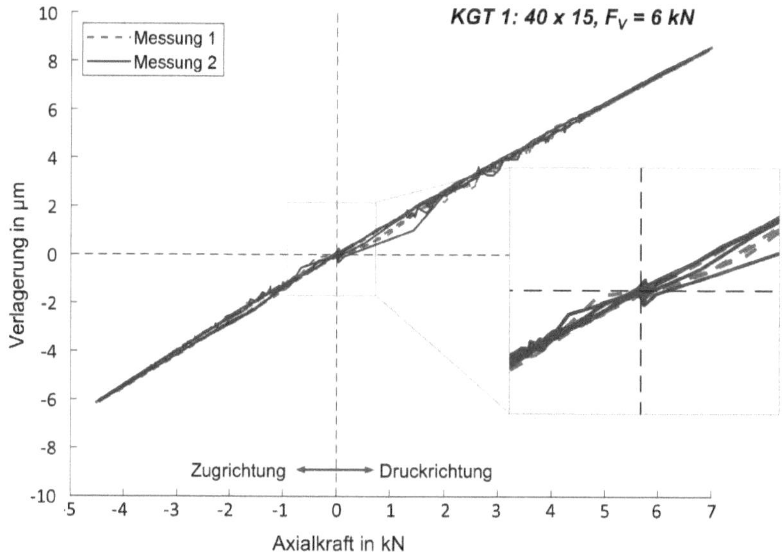

Bild 5.5: Gemessene Kraft-Verlagerungskurven von KGT 1 an Messposition 1
Measured force displacement curves of ball screw 1 at measuring position 1

Nachfolgend sind die experimentell wie rechnerisch ermittelten Kraft-Verlagerungskurven der untersuchten Kugelgewindetriebe aufgeführt. Die Benennung der Diagrammachsen entspricht denen von Bild 5.5. Die Kraft-Verlagerungskurven für Messposition 1 und Messposition 2 sind, entsprechend der vorgestellten Beschreibung in Kapitel 5.1.2, überlagert aufgeführt. Ziel ist es, das unterschiedliche Kraft-Verlagerungsverhalten beider Messpositionen zu verdeutlichen.

Kraft-Verlagerungsverhalten von KGT 1

Load-displacement behavior of ball screw no. 1

Der Vergleich der ermittelten Kraft-Verlagerungskurven von KGT 1 ist in Bild 5.6 dargestellt. Die experimentelle Kraft-Verlagerungskurve von Messposition 1 ist durch die blaue Volllinie abgebildet, die rechnerisch ermittelte Kraft-Verlagerungskurve der Messposition durch die grüne Strichlinie. Für Messposition 2 kennzeichnet die rote Volllinie die experimentell ermittelte Kraft-Verlagerungskurve, während die hellblaue Strichlinie der rechnerisch ermittelten Kurve entspricht.

Deutlich erkennbar ist der äußerst lineare Verlauf der Kraft-Verlagerungskurven für beide Messpositionen. Zudem ist die sehr hohe Überdeckung der rechnerisch wie experimentell ermittelten Kurvenverläufe für Messposition 1 sowohl in Druck- als auch in

Zugrichtung abzulesen. In Druckrichtung ist für Messposition 1 ab einer externen Axialkraft von ca. 4.500 N eine geringe Abweichung zwischen den experimentell und rechnerisch ermittelten Kurvenverläufen auszumachen. In Zugrichtung verlaufen die Kurven nahezu deckungsgleich. Für Messposition 2 überdecken sich die experimentelle und rechnerische Kurve in Druck- und Zugrichtung beinahe vollständig. Die Kraft-Verlagerungskurven der beiden Messpositionen unterscheiden sich merklich hinsichtlich ihrer Steigungen, folglich sind die Steifigkeiten an den Messpositionen stark unterschiedlich. Für identische externe Axialkräfte zeigt die Kraft-Verlagerungskurve von Messposition 2 eine deutlich geringere Verlagerung. Begründet werden kann dies mit dem elastischen Verhalten der KGT-Spindel und KGT-Mutter. Die Verformung des Kugelgewindetriebs und damit die resultierenden Verlagerungen der jeweiligen Messposition ist eine Überlagerung verschiedener Teilverformungen. Signifikant sind die elastischen Verformungen der KGT-Spindel wie KGT-Mutter sowie die Kontaktverformung im Wälzkontakt (vgl. Kapitel 4). Des Weiteren hat die Verformung der Kugeln einen Anteil.

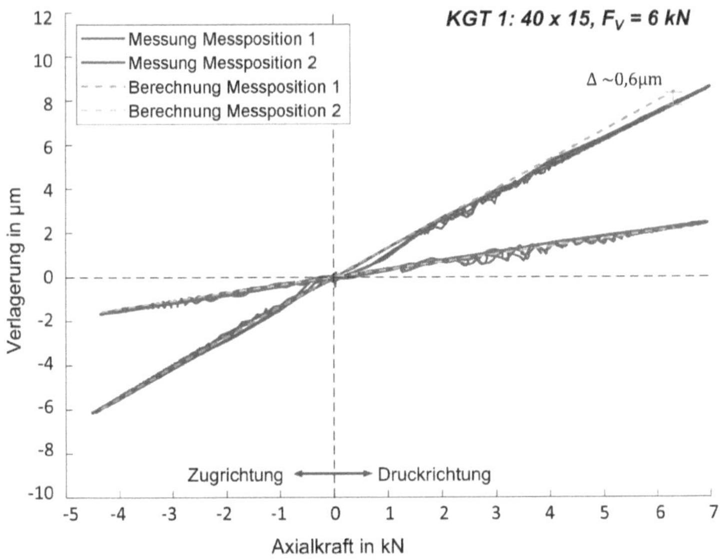

Bild 5.6: Gemessenes und berechnetes Kraft-Verlagerungsverhalten von KGT 1
Measured and calculated force-displacement-behavior of ball screw no.1

Der Kugelgewindetrieb besitzt im untersuchten Belastungsbereich eine augenscheinlich nahezu konstante axiale Steifigkeit. Gleichwohl bedingt das nichtlineare KGT-Verhalten grundsätzlich Veränderungen der axialen Steifigkeit über einen weiten Kraftbereich. Um bei der Analyse diese Nichtlinearität zu berücksichtigen, ist die axiale Steifigkeit in Druckrichtung in vier Teillastbereiche und in Zugrichtung in drei Teillastbereiche untergliedert. Der erste Teillastbereich in Druckrichtung repräsentiert die axiale Steifigkeit für den Lastbereich von 0 N bis einschließlich 1.500 N, der zweite den von größer 1.500 N bis einschließlich 3.000 N, der dritte den Lastbereich von größer 3.000 N bis einschließlich 4.500 N und der vierte Teilbereich eine Lasteinleitung von größer 4.500 N bis einschließlich 6.500 N. In Zugrichtung weisen alle Teillastbereiche eine Spanne von 1.500 N auf. Zum besseren Verständnis sind die sieben Teillastbereiche in Bild 5.7 am Beispiel der Kraft-Verlagerungskurven von KGT 1 gezeigt.

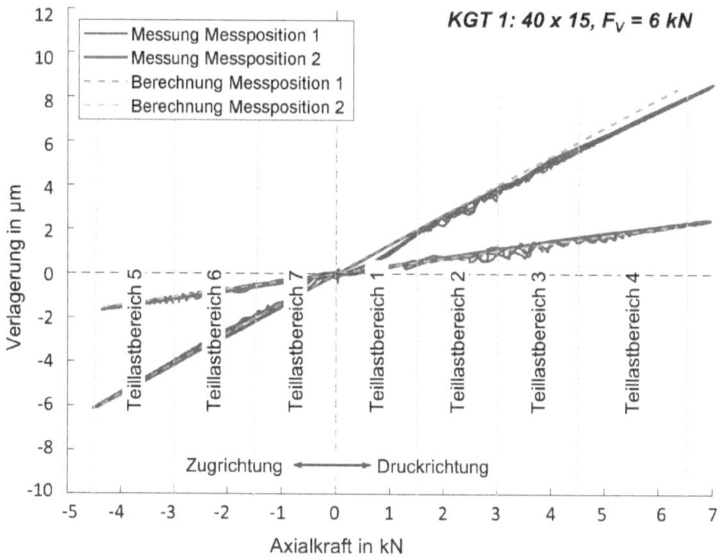

Bild 5.7: Grafische Darstellung der definierten Teillastbereiche
Graphical representation of the defined partial load areas

Die hohe Überdeckung der rechnerisch wie experimentell ermittelten Kraft-Verlagerungskurven ist auch in den analysierten Teillaststeifigkeiten in Tabelle 5.2 abzulesen. Die aufgeführten experimentellen Steifigkeiten sind aus den Mittelwerten von drei Messungen gebildet.

Für Messposition 1 nimmt die berechnete Steifigkeit ebenso wie die experimentell ermittelte Steifigkeit in Druckrichtung mit zunehmender Druckkraft zu. Die Zunahme ist auf experimenteller Ebene deutlicher ausgeprägt als rechnerisch ermittelt. Die maximale Abweichung zwischen Simulation und Messung beträgt ca. 13 % für den Teillastbereich 4. In Zugrichtung verringert sich die rechnerisch ermittelte Steifigkeit mit zunehmender Zugkraft. Gleiches gilt für die experimentell ermittelten Steifigkeiten. Wiederum ist die Ausprägung für die gemessenen Werte deutlicher als auf Simulationsebene. Die maximale Abweichung zwischen experimentell und rechnerisch ermittelten Werten beträgt ca. 5 % für Teillastbereich 7.

Für Messposition 2 weichen die Berechnungsergebnisse stärker von den experimentellen Messwerten ab. Die maximale Abweichung in Druckrichtung beträgt ca. 22 % für Teillastbereich 2. In diesem Lastbereich überschätzt das Berechnungsmodell die experimentelle Steifigkeit. Grundsätzlich ist auch für Messposition 2 in Druckrichtung eine mit der Druckkraft zunehmende Steifigkeit zu beobachten. In Zugrichtung ist die Maximalabweichung im Teillastbereich 5 zu beobachten und beträgt ca. 12 %. Bedingt durch die hohen Steifigkeitswerte und damit einhergehenden sehr geringen detektierten Verlagerungen für Messposition 2 bedeuten minimalste Abweichungen zwischen den messtechnisch erfassten sowie berechneten Verlagerungen eine signifikante Differenz der erhobenen Steifigkeitswerte. Insgesamt zeigt der Vergleich die hohe Überdeckung der experimentell wie rechnerisch ermittelten Kraft-Verlagerungskurven. Die maximale Differenz der rechnerisch wie experimentell ermittelten Verlagerung beträgt ca. 0,6 µm (vgl. Bild 5.6). Das Berechnungsmodell unterstellt ein stärker lineares Steifigkeitsverhalten, als dies experimentell ermittelt werden kann.

Tabelle 5.2: Experimentell und rechnerisch ermittelte Teilbereichssteifigkeiten von KGT 1
Experimentally and simulative determined partial stiffnesses of ball screw no. 1

Teillastbereich in N		Axialsteifigkeit in N/µm - Messposition 1		Axialsteifigkeit in N/µm - Messposition 2	
		experimentell	simulativ (% Abweichung)	experimentell	simulativ (% Abweichung)
1	0 bis 1.500	761,80	746,93 (ca. 2%)	3.013,28	2.859,10 (ca. 6%)
2	1.500 bis 3.000	765,65	751,67 (ca. 2%)	2.363,74	2.877,95 (ca. 22%)
3	3.000 bis 4.500	823,89	758,01 (ca. 8%)	2.965,78	2.902,97 (ca. 3%)
4	4.500 bis 6.500	869,17	762,57 (ca. 13%)	3.057,81	2.906,38 (ca. 5%)
5	-4.500 bis -3.000	703,94	721,55 (ca. 3%)	2.438,50	2.738,63 (ca. 12%)
6	-3.000 bis -1.500	716,08	732,99 (ca. 2%)	2.816,34	2.794,31 (ca. 1%)
7	-1.500 bis 0	777,32	739,08 (ca. 5%)	2.654,50	2.825,53 (ca. 6%)

Neben der Darstellung der Kraft-Verlagerungskurven ermöglicht das Berechnungsmodell u. a. die detaillierte Analyse jedes Wälzkontakts zwischen den Kugeln und den Gewindelaufbahnen der KGT-Spindel und KGT-Mutter sowie die Auswertung der Knotenverschiebungen des implementierten FE-Balkenmodells für die KGT-Spindel und die KGT-Mutter. Mittels der Berechnungsergebnisse sind beispielsweise die Lastverteilung innerhalb des Wälzbereichs, der Kontaktwinkel jedes Einzelwälzkontakts, die Normalkraft jedes Kontaktpunkts der Kugeln mit den Gewindelaufbahnen der KGT-Spindel und KGT-Mutter sowie die Verlagerung der KGT-Spindel und KGT-Mutter unter Einfluss der externen Axialkraft für jeden in der Berechnung definierten Betriebspunkt zu betrachten.

Bild 5.8 zeigt eine Übersicht der Berechnungsergebnisse von KGT 1 für den extern unbelasteten Ausgangszustand des mit 6 kN vorgespannten Kugelgewindetriebs. Im oberen Teilbild ist die Analyse des Wälzkontaktmodells (Kugelbetriebsverhalten), welches jeden Einzelwälzkontakt beinhaltet, aufgeführt. Im unteren Teilbild ist die Anordnung sowie axiale Verschiebung der Knoten des FE-Balkenmodells der KGT-Spindel sowie der beiden Mutterhälften der KGT-Mutter abzulesen. Der Kugelgewindetrieb ist ausschließlich durch seine Vorspannung belastet, welche zwischen der Flansch- und Gegenmutter eingeleitet wird. Die Darstellung der Berechnungsergebnisse des Wälzkontaktmodells ist in unterschiedliche Berechnungsgrößen unterteilt und erfolgt für alle Kugeln im Wälzbereich entlang der Längsachse der KGT-Spindel. Auf der Abszisse jedes Bereichsbildes ist die Position der jeweiligen Kugel in Millimetern (mm) bezogen auf die z-Achse aufgetragen. Die Kugeln im Wälzbereich der Flansch- und Gegenmutter sind, obwohl funktionell voneinander getrennt, zusammen aufgeführt, um die Unterschiede zwischen Flansch- und Gegenmutter zu verdeutlichen.

Im oberen linken Bereich des oberen Teilbilds ist die Lastverteilung auf die Kugeln im Wälzbereich anhand der auf jede Kugel wirkenden Axialkraft aufgetragen. Die Abszisse zeigt wie beschrieben die Position der Kugel auf der Längsachse, während die Ordinate die auf die jeweilige Kugel wirkende Axialkraft richtungsabhängig in Newton (N) wiedergibt. Die Lastverteilung zeigt einen nichtlinearen Verlauf für die Flansch- und Gegenmutter. Dabei weisen die der Vorspannkraft zugewandten Kugeln die höchsten Axialkräfte auf. Die O-Vorspannung des Kugelgewindetriebs bedingt einen alternierenden Kontakt der Kugeln mit der Laufbahn der KGT-Spindel für die Flansch- und Gegenmutter, weshalb die Kugeln der Flanschmutter mit Axialkräften in positiver und die der Gegenmutter mit Axialkräften in negativer Richtung beaufschlagt sind. Bedingt durch den Einleitungsort der Vorspannung zeigt der Axialkraftverlauf hinsichtlich seines Betrags nahezu deckungsgleiche Verläufe für die Flansch- und Gegenmutter. Unter der Lastverteilung sind die Verläufe der Kontaktpressungen für den Kontakt der Kugeln mit der Gewindelaufbahn der KGT-Spindel, für jede Kugel als roter Kreis, und KGT-Mutter, für jede Kugel als blaues x, dargestellt. Dazu sind auf der Ordinate die Kontaktpressungen in Megapascal (MPa) für jede Kugel aufgetragen. Für den Kontakt der Kugel mit der Gewindelaufbahn der KGT-Spindel liegen die resultierenden Kontaktpressungen höher, was in der kleineren Druckellipse des Kontaktpunktes begründet ist. Wie schon für die Lastverteilung können für Flansch- und Gegenmutter nahezu deckungsgleiche Verläufe identifiziert werden. Gleiches gilt für die unter der Kontaktpressung aufgetragene Analyse der Kugelverlagerungen. Die Ordinate zeigt die Deformation der Kontaktpunkte der Kugeln mit den Gewindelaufbahnen der KGT-Spindel und KGT-Mutter in Mikrometern (µm). Analog der Kontaktpressung sind höhere Werte für den Kontakt der Kugeln mit der Gewindelaufbahn der KGT-Spindel erkennbar, die Begründung ist ebenfalls die kleinere Druckellipse. Zudem ist die ungleiche Änderung der Kontaktsteifigkeit im Kontakt der Kugel mit der Gewindelaufbahn der KGT-Spindel zu denen der Kugel mit den Gewindelaufbahnen von Flansch- und Gegenmutter anhand der unterschiedlichen Steigungen der Kurven abzulesen. Mit zunehmender Belastung der Kugel ist der Abstand zwischen der Deformation im Kontakt der Kugel mit der Gewindelaufbahn der KGT-Spindel und KGT-Mutter geringer.

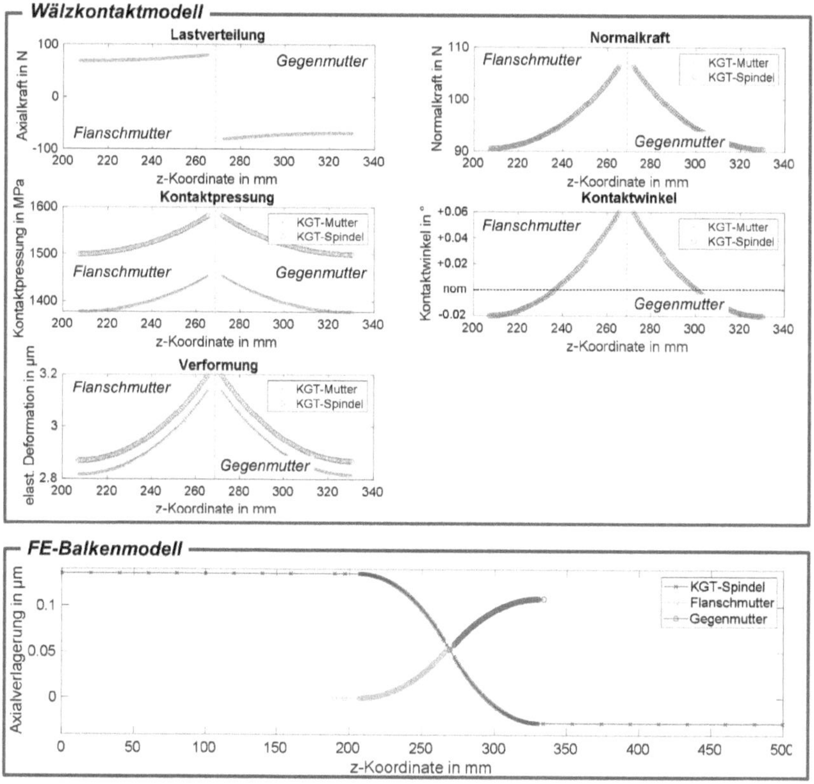

Bild 5.8: Berechnungsergebnisse von KGT 1 für 0 N externe Axialkraft
Calculation results of ball screw no. 1 with 0 N external axial force

Die Teilbilder im rechten Bereich des Wälzkontaktmodells zeigen die Verläufe der Normalkraft (oben) sowie des Kontaktwinkels. Die in Newton aufgetragene Normalkraft der Einzelwälzkontakte zeigt wie erwartet identische Verläufe und Werte für den Kontakt der Kugel mit der Gewindelaufbahn der KGT-Spindel und den Kontakt mit den Gewindelaufbahnen der Flansch- und Gegenmutter. Die Verläufe der Kontaktwinkel der Kugeln überdecken sich ebenfalls für die Kontakte an der KGT-Spindel und der Flansch- und Gegenmutter, was den Beschreibungen aus dem Stand der Technik (Kapitel 2.3.2) entspricht. Des Weiteren verdeutlichen die Verläufe zudem die Lastverteilung. Eine größere Axialkraft auf eine Kugel bedingt eine größere Normalkraft in den Kontaktpunkten der Kugel mit den Gewindelaufbahnen der KGT-Spindel und KGT-Mutter sowie größere Kontaktwinkel in eben diesen Kontaktpunkten.

Das im unteren Teilbild von Bild 5.8 gezeigte FE-Balkenmodell illustriert die axiale Verschiebung der Knoten der Flanschmutter, Gegenmutter und der KGT-Spindel entlang der Längsachse des Kugelgewindetriebs. Die vernetzten Knoten des FE-Balkenmodells der KGT-Spindel sind jeweils durch ein blaues x abgebildet, die Knoten der Flanschmutter durch gelbe und die der Gegenmutter durch rote Kreise. Die in Kapitel 4.1 beschriebene Vernetzungsdichte ist aus dem Teilbild ersichtlich. Im Wälzbereich des Kugelgewindetriebs ist die Knotendichte weitaus höher als im freien Bereich der KGT-Spindel. Auf der Ordinate ist die axiale Verlagerung der FE-Knoten in Mikrometern (µm) aufgetragen. Im Fall des extern unbelasteten Kugelgewindetriebs resultiert jede axiale Verlagerung aus der Vorspannung. Die Verschiebung wird relativ zum Anbindungspunkt des Kugelgewindetriebs an die Umgebung (am Flansch der Flanschmutter; vgl. Bild 5.3) berechnet.

Die ersten beiden Knoten der Flanschmutter weisen keine Verschiebung auf, sind unbelastet und bilden den Anbindungspunkt der Flanschmutter mit der Umgebung. Die weiteren Knoten der Flanschmutter sind aus der Nulllage ausgelenkt. Mit zunehmender Nähe zur Gegenmutter, also zum Einleitungsort der Vorspannkraft, nimmt die Auslenkung zu. Der progressive Verlauf der Knotenauslenkungen der Flanschmutter verdeutlicht deren nichtlineares Verlagerungsverhalten. Die Auslenkung des ersten Knotens der Gegenmutter entspricht der des letzten Knotens der Flanschmutter. Mit zunehmender z-Koordinate erhöht sich die Auslenkung der Knoten der Flanschmutter. Der Verlauf der Knotenauslenkungen der Gegenmutter ist degressiv. Das bedeutet, dass sich mit zunehmendem Abstand zum Ort der Einleitung der Vorspannkraft die Steigung der Verlagerungskurve verringert. Numerisch unterscheiden sich die Auslenkungen geringfügig, was durch die am Flansch abweichende Geometrie sowie den Anbindungspunkt an die Umgebung begründet werden kann. Die Knoten der KGT-Spindel sind von ihrem Verlauf denen der Flansch- und Gegenmutter entgegengesetzt verlagert. Bedingt durch die Vorspannkraft erfährt die KGT-Spindel eine initiale axiale Verformung. Für den vollständig unbelasteten Kugelgewindetrieb, d. h. ohne Vorspannung und externe Axialkraft, verlaufen die Auslenkungskurven der Knoten aller Teilkomponenten entlang der Nulllinie.

Unter der Einwirkung einer externen Axialkraft auf den vorgespannten Kugelgewindetrieb verändern sich die zuvor erläuterten Verläufe der Berechnungsgrößen des Wälzkontakt- und des FE-Balkenmodells. Bild 5.9 zeigt die benannten Berechnungsgrößen des Berechnungsmodells für eine externe Axialkraft von 6,5 kN in Druckrichtung.

Die Lastverteilung verschiebt sich, im Vergleich mit dem in Bild 5.8 gezeigten Verlauf, deutlich in Richtung der Flanschmutter. Aufgrund der am Anfang der KGT-Spindel eingeleiteten Axialkraft erfährt die Flanschmutter eine erhöhte Belastung. Die hinsichtlich ihrer z-Koordinate erste Kugel ist mit der höchsten Axialkraft belastet. Die Axialkraft sinkt für die darauffolgenden Kugeln ab, bis die Kugeln nahe des Einleitungsortes der Vorspannung wieder durch eine zunehmende Axialkraft belastet sind. Für die Gegenmutter zeigt der Verlauf der Kugelbelastung ein anderes Verhalten. Die auf der z-Koordinate erste Kugel der Gegenmutter ist mit der größten Axialkraft belastet, für alle anderen Kugeln verringert sich die Belastung. Zusätzlich zur Änderung der Axialkraftverläufe für die Flansch- und Gegenmutter sind auch die Ausprägungen der Axialkraft zum extern unbelasteten Fall abweichend. Die Kugeln innerhalb der Flanschmutter sind signifikant höher belastet als im extern unbelasteten Fall, während die Kugeln innerhalb der Gegenmutter entlastet sind. Begründet ist dies im Anbindungspunkt der Flanschmutter an die Umgebungsstruktur am vorderen Ende der Flanschmutter.

Analog zur Verteilung der Axialkraft verhalten sich Kontaktpressung sowie die elastische Deformation. Die Verläufe für den Kontakt der Kugeln mit den Gewindelaufbahnen der KGT-Spindel und KGT-Mutter sowie die zugehörigen Werte der elastischen Deformation der Kontaktpunkte entsprechen qualitativ denen der Axialkraftverteilung. Der Kontaktpunkt der Kugel mit der Gewindelaufbahn der KGT-Spindel zeigt wie für den extern unbelasteten Kugelgewindetrieb höhere Pressungen. Die Verläufe der Normalkraft und Kontaktwinkel decken sich ebenfalls qualitativ mit denen der Verteilung der Axialkraft. Wie für den extern unbelasteten Kugelgewindetrieb zeigen alle Kugeln identische Kontaktwinkel für den Kontaktpunkt an der Gewindelaufbahn der KGT-Spindel und der Flansch- oder Gegenmutter. Die Kontaktwinkel der Kugeln innerhalb der Flanschmutter sind merklich erhöht. Gleiches gilt für die Normalkräfte in diesem Bereich. Innerhalb der Gegenmutter sind die Kontaktwinkel sowie die Normalkräfte im Vergleich mit dem extern unbelasteten Kugelgewindetrieb geringfügig reduziert.

Die Knotenverlagerungen des FE-Balkenmodells illustrieren ebenfalls die veränderten Lastverhältnisse. Bedingt durch die eingeleitete externe Axialkraft zeigen alle Knoten innerhalb des Kraftflusses, d. h. vom Spindelanfang bis zum Ende der Gegenmutter, unterschiedliche Verlagerungen. Die Knoten der KGT-Spindel hinter dem Ende der Gegenmutter sind außerhalb des Kraftflusses und weisen infolgedessen alle die gleiche Verlagerung auf. Für die Flanschmutter befinden sich die ersten beiden Knoten außerhalb des Kraftflusses und zeigen, analog zu den Beobachtungen für den extern unbelasteten Kugelgewindetrieb, keine Verlagerung auf. Beginnend vom dritten Knoten sind alle weiteren Knoten der Flanschmutter verlagert, die Überlagerung der externen Axialkraft mit der Vorspannung resultiert erkennbar in einem leicht degressiven Kurvenverlauf. Die relative Verlagerung verringert sich mit zunehmender Position entlang der Längsachse des Kugelgewindetriebs. Die Knoten der Gegenmutter zeigen ebenfalls einen degressiven Verlagerungsverlauf, jedoch stärker ausgeprägt als bei der Flanschmutter.

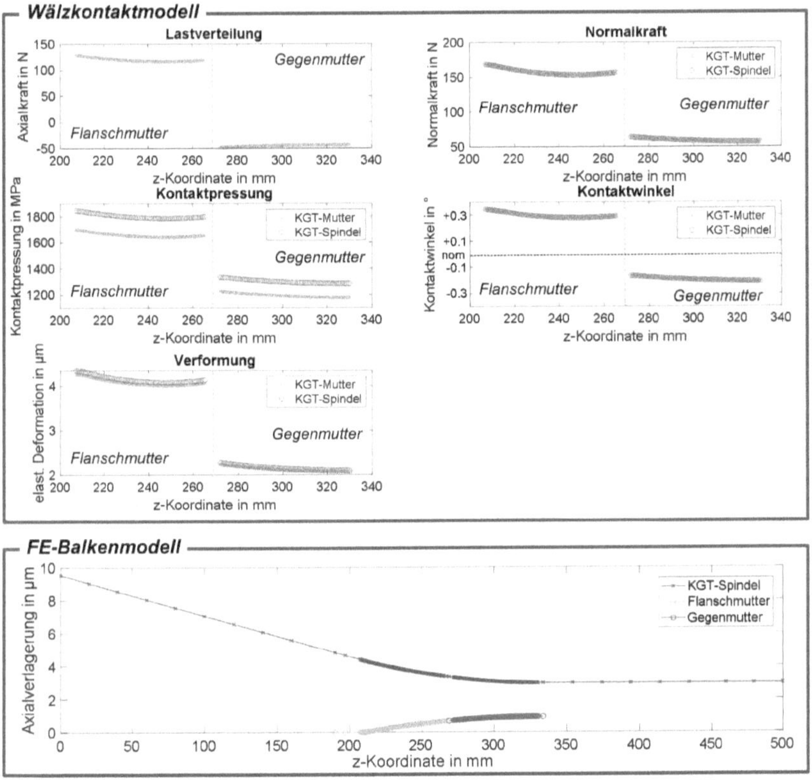

Bild 5.9: Berechnungsergebnisse von KGT 1 für 6,5 kN externe Axialkraft in Druckrichtung
Calculation results of ball screw no. 1 with 6.5 kN external axial force in push direction

Das präsentierte Beispiel zeigt einen Teil der Ausgabewerte des Berechnungsmodells und verdeutlicht die daraus resultierenden Möglichkeiten der Analyse des Betriebsverhaltens von Kugelgewindetrieben. Detaillierte Analysen der Einflussfaktoren auf das Betriebsverhalten sind in Kapitel 6 aufgeführt. Folgend sind die rechnerisch wie experimentell ermittelten Kraft-Verlagerungskurven der Kugelgewindetriebe KGT 2 bis KGT 5 aufgeführt und erläutert.

Kraft-Verlagerungsverhalten von KGT 2 bis KGT 5

Load-displacement behavior of ball screw no. 2 to ball screw no. 5

Die rechnerisch wie experimentell erhobenen Kraft-Verlagerungskurven für KGT 2 sind in Bild 5.10 aufgeführt. Die Darstellung der aufgeführten Verlaufskurven sowie die Benennung der Koordinatenachsen ist identisch mit KGT 1. KGT 2 entspricht hinsichtlich seiner Geometrie (Nennsteigung, Anzahl der Gewindeumläufe, Kugeldurchmesser, Kugelanzahl etc.) KGT 1. Die Vorspannung ist mit 3 kN im Vergleich zu KGT 1 halbiert.

Aus den überlagerten Kraft-Verlagerungskurven in Druckrichtung ist eine hohe Überdeckung der rechnerisch wie experimentell ermittelten Kurvenverläufe über den gesamten betrachteten Kraftbereich für die Messpositionen 1 und 2 abzulesen. Für Messposition 1 übersteigt die berechnete Verlagerung die experimentelle ab einer Druckkraft von ca. 4 kN. Für Messposition 2 ist ein ähnliches Verhalten ab ca. 5,5 kN abzulesen. In Zugrichtung weichen die ermittelten Kraft-Verlagerungskurven stärker voneinander ab, wobei die rechnerischen Kurvenverläufe einen lineareren Verlauf sowie eine geringere Verlagerung aufweisen als die experimentell ermittelten.

Die Kraft-Verlagerungskurven der Messpositionen 1 und 2 zeigen, wie auch bei KGT 1, eine geringere Verlagerung für Messposition 2 für identische externe Axialkräfte. Das lineare Verhalten der Kurven ist weniger ausgeprägt, die Kurven haben einen leicht gekrümmten Verlauf. Die Steifigkeit des Kugelgewindetriebs ist weniger konstant als die von KGT 1, wobei das Verhalten in Zug- und Druckrichtung voneinander abweicht. Für beide Messpositionen lässt sich zudem eine geringe Hysterese der experimentellen Verlaufskurven, insbesondere für geringe externe Axialkräfte, ablesen. Für größere externe Axialkräfte reduziert sich die Hysterese. Die experimentellen Verlaufskurven laufen für die Maximallasten in Zug- wie Druckrichtung in einem Punkt spitz zu. Die Messung zeigt infolgedessen eine hohe Reproduzierbarkeit für wiederholende Messdurchläufe sowie für große externe Axialkräfte identische Verlagerungen für Be- und Entlastung. In Zugrichtung beträgt die maximale Abweichung zwischen berechneter und experimentell ermittelter Verlagerung ca. 1,1 µm, in Druckrichtung ca. 0,6 µm.

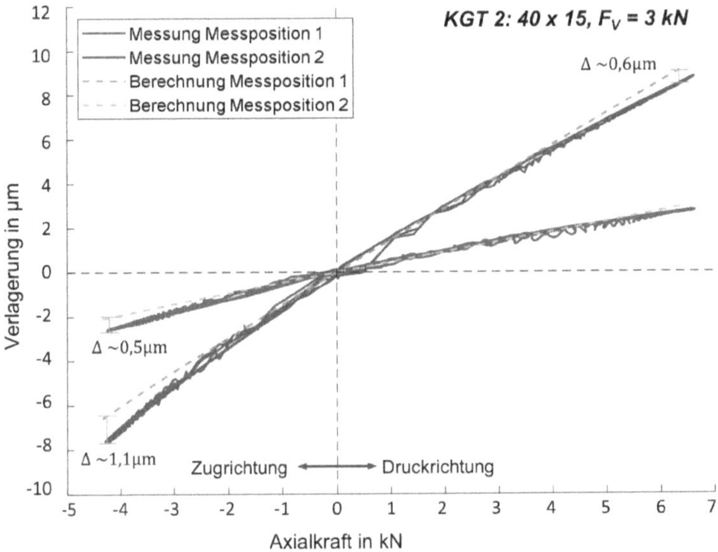

Bild 5.10: Gemessenes und berechnetes Kraft-Verlagerungsverhalten von KGT 2
Measured and calculated force-displacement behavior of ball screw no. 2

Die ermittelten Steifigkeiten der Teillastbereiche für KGT 2 sind in Tabelle A 1 im Anhang gegenübergestellt. Die Erhebung der Teilbereichssteifigkeiten erfolgte analog zu KGT 1. Die Gegenüberstellung der rechnerisch wie experimentell ermittelten Teilbereichssteifigkeiten in Druckrichtung zeigt eine maximale Abweichung von ca. 23 % für den Teillastbereich 4 an Messposition 2. Aus den in der Tabelle aufgeführten Werten ist ersichtlich, dass die rechnerischen Teilbereichssteifigkeiten denen der experimentellen Untersuchung weitgehend folgen. Im Gegensatz zur Druckrichtung weichen die rechnerisch und experimentell ermittelten Kraft-Verlagerungskurven des Kugelgewindetriebs in Zugrichtung stärker voneinander ab. Aus Bild 5.10 ist ersichtlich, dass sich die Kurvenverläufe ab einer axialen Kraft von ca. -1.000 N voneinander entfernen, sodass sich mit zunehmender Zugkraft eine zunehmende Abweichung der Steifigkeiten einstellt. Die maximale Abweichung in Zugrichtung beträgt ca. 37 % für den Teilbereich 5 an Messposition 2.

Der Vergleich der experimentell ermittelten Teilsteifigkeiten in Druck- und Zugrichtung zeigt für beide Messpositionen das zuvor beschriebene nichtlineare Steifigkeitsverhalten des Kugelgewindetriebs. Des Weiteren sind die experimentell ermittelten Steifigkeiten aller Teillastbereiche in Zugrichtung für beide Messpunkte niedriger als in Druckrichtung, der Kugelgewindetrieb ist in Zugrichtung folglich nachgiebiger. Dies ist auch durch die simulativ ermittelten Steifigkeiten belegt, ebenso wie das allgemein nichtlineare Steifigkeitsverhalten des Kugelgewindetriebs über den untersuchten Kraftbereich. Insgesamt weist KGT 2 eine geringere axiale Steifigkeit auf als KGT 1. Da beide Kugelgewindetriebe mit Ausnahme der Vorspannung identisch ausgeführt sind, lässt sich der Vorspannung ein signifikanter Einfluss auf das Kraft-Verlagerungsverhalten zuweisen. Eine größere Vorspannung resultiert unmittelbar in einer höheren axialen Steifigkeit, wie bereits in Kapitel 2.3.2 aufgeführt.

Die Überlagerung der rechnerischen wie experimentellen Kraft-Verlagerungskurven von KGT 3 zeigt Bild 5.11. Der Kugelgewindetrieb hat eine Gewindesteigung von 20 mm und eine Vorspannung von 4 kN. Zudem ist die Anzahl der tragenden Gewindeumläufe je Mutternhälfte (Flansch- und Gegenmutter) verglichen mit KGT 1 und KGT 2 von vier auf drei reduziert, der Kugeldurchmesser ist unverändert (vgl. Tabelle 5.1). Der zuvor identifizierte Unterschied in den Verlagerungen von Messposition 1 und Messposition 2 ist ebenfalls für KGT 3 abzulesen. Die experimentellen Messschriebe zeigen, insbesondere für Messposition 1, eine ausgeprägte Hysterese in Druck- wie Zugrichtung. Für Messposition 1 kann zudem in Druckrichtung ein nahezu deckungsgleicher Verlauf der experimentell und rechnerisch ermittelten Kraft-Verlagerungskurven attestiert werden, in Zugrichtung überschätzt das Berechnungsmodell die Steifigkeit des Kugelgewindetriebs. Für Messposition 2 lässt sich ein umgekehrtes Verhalten ablesen. Während die experimentelle und rechnerische Kraft-Verlagerungskurve in Zugrichtung nahezu identisch verlaufen, unterschätzt das Berechnungsmodell die Steifigkeit des Kugelgewindetriebs in Druckrichtung. Für Messposition 2 zeigt die experimentelle Kraft-Verlagerungskurve für Druck- und Zugrichtung einen äußerst linearen Verlauf. Für Messposition 1 ist das Verhalten in Druckrichtung ebenfalls sehr linear, während in Zugrichtung eine leichte Krümmung der Kraft-Verlagerungskurve abzulesen ist. Mit zunehmender Zugkraft verstärkt sich die Zunahme der Verlagerung.

Im Vergleich mit den Kraft-Verlagerungskurven der Kugelgewindetriebe KGT 1 und KGT 2 zeigt KGT 3 für beide Messpositionen in Druck- wie Zugrichtung verringerte Steifigkeiten. Bedingt durch die größere Gewindesteigung hat KGT 3 für identische externe Axialkräfte eine, verglichen mit KGT 1 und KGT 2, vergrößerte Normalkraft in den Kugel-Gewindelaufbahn-Kontakten, woraus eine größere elastische Einfederung des Kontaktpunktes resultiert. Die verringerte Anzahl tragender Gewindeumläufe der Flansch- und Gegenmutter reduziert zudem die Anzahl der lastübertragenden Kugeln, woraus eine weitere Abnahme der axialen Steifigkeit entsteht. In Druckrichtung ist zwischen der berechneten und der experimentell ermittelten Kraft-Verlagerungskurve eine maximale Differenz von ca. 0,8 µm abzulesen, in Zugrichtung beträgt die maximale Abweichung ca. 0,9 µm.

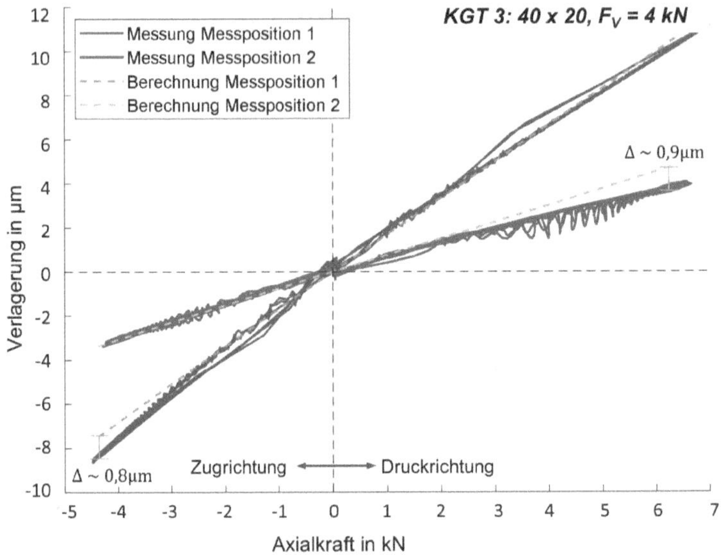

Bild 5.11: Gemessenes und berechnetes Kraft-Verlagerungsverhalten von KGT 3
Measured and calculated force-displacement behavior of ball screw no. 3

Die Gegenüberstellung der ermittelten Teilbereichssteifigkeiten (siehe Anhang, Tabelle A 2) untermauert die geschilderten Beobachtungen. Die Erhebung der Teilbereichssteifigkeiten folgt dem zuvor beschriebenen Vorgehen. In Druckrichtung beträgt die maximale Abweichung zwischen den rechnerisch und experimentell ermittelten Steifigkeiten ca. 24 % für die Teilbereichssteifigkeit 4 an Messposition 2. Für Messposition 1 zeigen Berechnung und Experiment nahezu identische Werte. Die in Bild 5.11 für Druckkräfte abzulesende Tendenz einer mit steigender externer Axialkraft zunehmenden Steifigkeit ist in den ermittelten Teilbereichssteifigkeiten ebenfalls zu beobachten. Die experimentellen Werte spiegeln die Tendenz stärker wider. In Zugrichtung liegt die größte Abweichung, wie aus der grafischen Darstellung der Kraft-Verlagerungskurven in Bild 5.11 ersichtlich, für Messposition 1 und Teilbereichssteifigkeit 5 vor. Die Abweichung beträgt ca. 26 %.

Für KGT 4 zeigt Bild 5.12 die rechnerisch wie experimentell ermittelten Kraft-Verlagerungskurven. Der Kugelgewindetrieb weist eine Nennsteigung von 10 mm bei einer Vorspannung von 4,2 kN auf. Flansch- und Gegenmutter weisen jeweils vier tragende Gewindeumläufe auf. Die Kraft-Verlagerungskurven zeigen ebenfalls die bereits beschriebene grundsätzliche Differenz zwischen den beiden Messpositionen. Die experimentell ermittelten Kraft-Verlagerungskurven weisen für beide Messpositionen in Zug- und Druckrichtung einen linearen Verlauf auf. Insbesondere für Messposition 2 ist die Kraft-Verlagerungskurve nahezu eine Gerade und zeigt keine nennenswerte Hysterese. Für Messposition 1 hingegen ist eine geringe Hysterese, insbesondere um den

Nullpunkt der Messung, abzulesen. Für beide Belastungsrichtungen lässt sich eine sehr hohe Überdeckung der rechnerischen mit den experimentellen Kraft-Verlagerungskurven für beide Messpositionen ablesen.

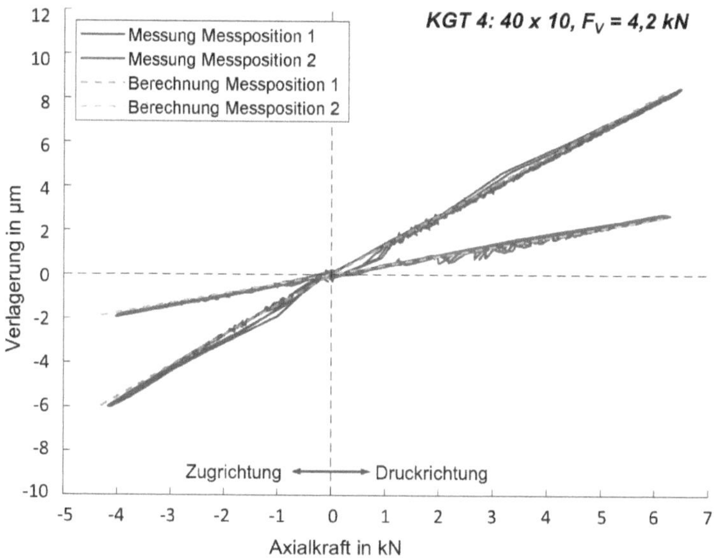

Bild 5.12: Gemessenes und berechnetes Kraft-Verlagerungsverhalten von KGT 4
Measured and calculated force-displacement behavior of ball screw no. 4

Die detaillierte Analyse der Teilbereichssteifigkeiten von KGT 4 ist in Tabelle A 3 im Anhang aufgeführt. Die ermittelten Teilbereichssteifigkeiten übersteigen die von KGT 3, welcher eine nahezu identische Vorspannung aufweist, deutlich. Die bei verringerter Gewindesteigung gleichzeitig vergrößerte Anzahl tragender Gewindeumläufe und vergrößerte Anzahl tragender Kugeln resultiert für KGT 4 in größeren Teilbereichssteifigkeiten im Vergleich zu KGT 3. Zudem beeinflusst die abweichende Gewindesteigung die Normalkräfte in den Einzelwälzkontakten (vgl. Kapitel 6.1.2) Die rechnerisch und experimentell erhobenen Teilbereichssteifigkeiten weichen weniger stark voneinander ab als für KGT 3. Die maximale Abweichung in Druckrichtung liegt für Messposition 2, Teilbereichssteifigkeit 2 vor und beträgt ca. 12 %. In Zugrichtung weichen die rechnerischen und experimentellen Werte maximal ca. 10 % voneinander ab.

Die Überlagerung der Kraft-Verlagerungskurven von KGT 5 zeigt Bild 5.13. Hinsichtlich der geometrischen Dimensionen sind KGT 4 und KGT 5 identisch, d. h. die Steigung beträgt 10 mm und Flansch- sowie Gegenmutter weisen vier tragende Gewindeumläufe auf. Zur Reduzierung der Reibung im Kugel-zu-Kugel-Kontakt ist der Kugelgewindetrieb mit Kugeln unterschiedlichen Durchmessers ausgestattet.

Innerhalb der Kugelanordnung ist jede dritte Kugel durch eine Trennkugel mit verringertem Durchmesser ersetzt. Folglich befinden sich weniger tragende Kugeln im Kugelgewindetrieb, die Gesamtzahl der Kugeln ist identisch zu KGT 4. Die Vorspannung des Kugelgewindetriebs ist auf 3,2 kN verringert. Das Material der Trennkugeln entspricht dem der tragenden Kugeln.

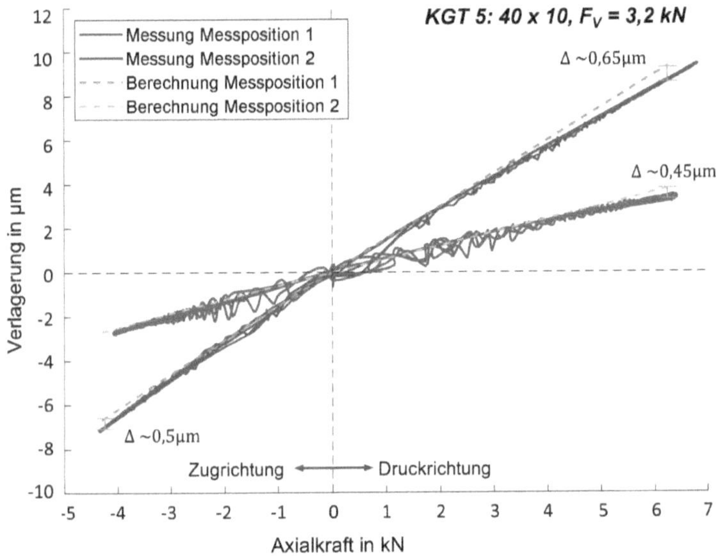

Bild 5.13: Gemessenes und berechnetes Kraft-Verlagerungsverhalten von KGT 5
Measured and calculated force-displacement behavior of ball screw no. 5

Wie bei allen bisher vorgestellten Kugelgewindetrieben zeigen die experimentell wie rechnerisch ermittelten Kraft-Verlagerungskurven auch für KGT 5 geringere Verlagerungen für Messposition 2. Die Kraft-Verlagerungskurven zeigen zudem ein im Vergleich zu KGT 4 verringertes lineares Verhalten. Dies lässt sich einerseits mit der verringerten Vorspannung wie auch andererseits mit der reduzierten Anzahl tragender Kugeln im Wälzbereich begründen. Zudem lassen die experimentellen Kurvenverläufe für beide Messpositionen eine ausgeprägte Hysterese im Bereich des Nullpunktes erkennen. Für Messposition 1 ist in Druckrichtung eine sehr hohe Überdeckung der rechnerischen zu den experimentellen Kurvenverläufen abzulesen, die maximale Differenz zwischen rechnerischer und experimenteller Verlagerung beträgt ca. 0,65 µm. In Zugrichtung zeigen die Kurven ein ähnliches Verhalten, die maximale Abweichung beträgt ca. 0,5 µm. Messposition 2 weist ebenfalls in Druck- und Zugrichtung eine hohe Überdeckung der Kurvenverläufe auf. Aus den Kurvenverläufen lässt sich eine maximale Abweichung von ca. 0,45 µm ablesen.

Tabelle A 4 im Anhang zeigt die Gegenüberstellung der rechnerisch wie experimentell ermittelten Teilbereichssteifigkeiten. Alle ermittelten Steifigkeiten sind geringer als die von KGT 4. Für Messposition 1 überschätzt das Berechnungsmodell die experimentellen Teilbereichssteifigkeiten in Zugrichtung geringfügig, in Druckrichtung unterschätzt das Berechnungsmodell die Steifigkeit leicht. Für Messposition 1 zeigen Experiment und Berechnung allgemein jedoch eine sehr hohe Übereinstimmung. Gleiches kann für Messposition 2 beobachtet werden. In Druckrichtung beträgt die maximale Abweichung ca. 23 % im Teilbereich 4 für Messposition 2. In Zugrichtung beträgt die maximale Abweichung ca. 22 % für Messposition 2 im Teilbereich 6.

5.1.3 Analyse des Kraft-Verlagerungsverhaltens nicht-vorgespannter Kugelgewindetriebe unter externer Axialkraft

Analysis of the load-displacement behavior of non-preloaded ball screws under external axial load

Die Analyse des Kraft-Verlagerungsverhaltens vorgespannter Kugelgewindetriebe in Kapitel 5.1.2 verdeutlicht u. a. die Möglichkeiten des in Kapitel 4 vorgestellten Berechnungsmodells zur Analyse der axialen Verformung der durch FE-Balkenelemente approximierten KGT-Mutter. Die gezeigte hohe Übereinstimmung zwischen Experiment und Berechnung belegt die Wirksamkeit der Modellbetrachtung für statische axiale Belastungen und die hieraus hervorgerufenen Verlagerungen. Zur Erweiterung der Analyse werden folgend die Untersuchungen an einem nicht-vorgespannten Kugelgewindetrieb vorgestellt.

Die experimentelle Untersuchung ist ebenfalls an einem Kugelgewindetrieb in Doppelmutterbauweise mit einem Nenndurchmesser von 40 mm durchgeführt (vgl. Tabelle 5.1, KGT 6). Zur Aufhebung der initial eingestellten Vorspannung des Kugelgewindetriebs von 3,2 kN wurde die Fügestelle von Flansch- und Gegenmutter voneinander gelöst, sodass die Flansch- und die Gegenmutter nicht mehr miteinander in Kontakt waren. Die Gegenmutter wurde nicht vollständig entfernt, sondern verblieb für weitere Untersuchungen auf der KGT-Spindel. Der Aufbau der experimentellen Untersuchung entspricht dem in Kapitel 5.1.2 vorgestellten Versuchsaufbau. Aufgrund der fehlenden Vorspannung konnten die Maximalkräfte erhöht werden. Der Kugelgewindetrieb wurde während der Versuchsdurchführung mit Axialkräften von maximal ca. 5.500 N in Zugrichtung bis maximal ca. 8.500 N in Druckrichtung belastet. Beim Start der Messung ist der KGT lastfrei. Anschließend erfolgen, analog zu den Untersuchungen in Kapitel 5.1.2, mehrere Belastungen in Zug- und Druckrichtung.

Um das Kraft-Verlagerungsverhalten des konstruktiv veränderten Kugelgewindetriebs durch das Berechnungsmodell bestmöglich anzunähern, wurde der Modellaufbau im Vergleich zu dem in Kapitel 5.1.2 vorgestellten Modellaufbau verändert. Im Originalzustand war der untersuchte Kugelgewindetrieb durch eine O-Vorspannung zwischen Flansch- und Gegenmutter vorgespannt und wies einen 2-Punkt-Kontakt auf. D. h. für alle externen Axialkräfte, ob in Zug- oder Druckrichtung, befanden sich die Kugeln mit den gleichen Flanken der Gewindelaufbahnen von KGT-Spindel und Flanschmutter in Kontakt. Nach dem Trennen der Flansch- und Gegenmutter wechselt der Gewindelaufbahnkontakt der Kugeln in Abhängigkeit der Kraftrichtung. Um dies innerhalb des

Berechnungsmodells zu berücksichtigen, sind die Kugelumläufe der Flanschmutter für die Gegenmutter positionsgleich dupliziert. Flansch- und Gegenmutter sind durch eine geringe Vorspannung von $F_V = 0{,}01$ N gegeneinander vorgespannt. Der Kugelgewindetrieb baut sich folglich zur Berücksichtigung beider Gewindelaufbahnen aus zwei positionsgleichen Mutterhälften mit ebenso positionsgleichen Kugeln auf. Der geänderte Modellaufbau ist schematisch in Bild 5.14 dargestellt.

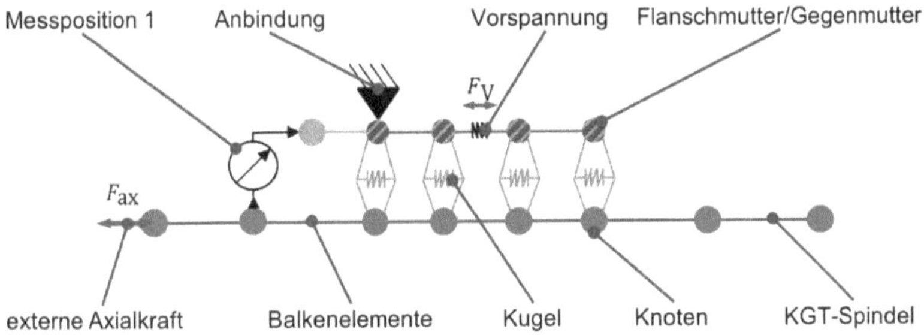

Bild 5.14: Schematische Darstellung des approximierten Modellaufbaus
Schematic representation of the approximated model structure

Bild 5.15 zeigt die Verläufe der experimentell und rechnerisch ermittelten Kraft-Verlagerungskurven für Messposition 1. Die vorgenommene konstruktive Änderung des Kugelgewindetriebs erlaubte keine Messung der Verlagerung an Messposition 2. Die Abszisse zeigt erneut die externe Axialkraft in Druck- und Zugrichtung, während die Ordinate die axiale Verlagerung der KGT-Mutter zur KGT-Spindel angibt. Mittels der blauen und roten Volllinie sind die Verlaufskurven von zwei zeitlich aufeinander folgenden Messungen zum Beleg der Reproduzierbarkeit überlagert. Die blaue Volllinie gibt die erste Messung wieder, die nachfolgende Messung ist durch die rote Volllinie dargestellt. Zusätzlich ist durch die grüne Strichlinie die mittels des Berechnungsmodells rechnerisch ermittelte Kraft-Verlagerungskurve aufgeführt. Ursprung der Messung ist der mittels der schwarzen Strichlinien markierte Nullpunkt. Im Vergleich mit den in Kapitel 5.1.2 vorgestellten Kraft-Verlagerungskurven zeigt der nicht-vorgespannte Kugelgewindetrieb signifikant größere Verlagerungen für spezifische Kräfte. Bedingt durch die fehlende Vorspannung und die damit verbundene Initialverformung besitzt der Kugelgewindetrieb eine merklich verringerte axiale Steifigkeit. Der Vergleich der beiden experimentellen Kurvenverläufe zeigt eine nahezu vollständige Überdeckung dieser. Der untersuchte Kugelgewindetrieb weist demnach ein reproduzierbares Kraft-Verlagerungsverhalten auf. Für die experimentellen Verlaufskurven ist eine deutliche Hysterese in Druck- und in Zugrichtung, insbesondere für geringe externe Axialkräfte, abzulesen. Die detektierte Verlagerung beim Be- und Entlasten weicht voneinander ab. Zusätzlich zur Hysterese ist ein ausgeprägter nichtlinearer Kurvenverlauf zu erkennen.

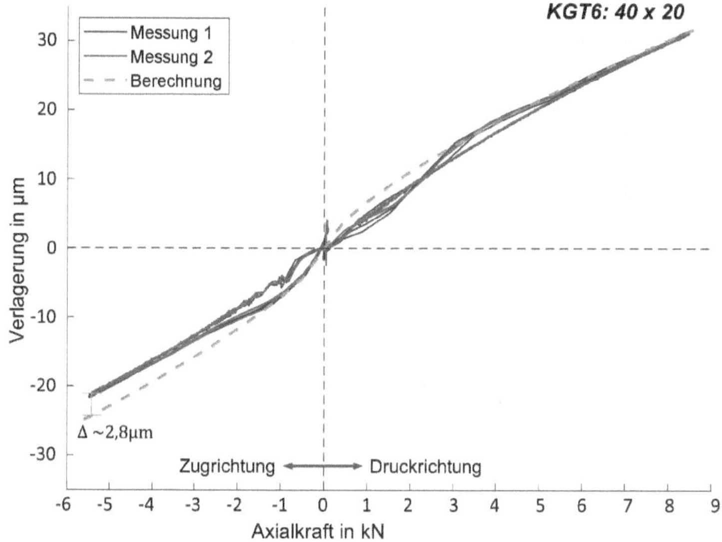

Bild 5.15: Gemessenes und berechnetes Kraft-Verlagerungsverhalten von KGT 6

Measured and calculated force-displacement behavior of ball screw no. 6

Die experimentellen Kraft-Verlagerungskurven haben einen s-förmigen Verlauf. D. h. im Bereich des Nullpunktes verursachen geringe Veränderungen der Axialkraft eine große Verlagerung, der Kugelgewindetrieb hat in diesem Teilbereich nur eine geringe Steifigkeit. Mit zunehmender Axialkraft verläuft die Kraft-Verlagerungskurve zunehmend flacher und linearer, die Steifigkeit erhöht sich. Die maximalen Verlagerungen sind deutlich oberhalb der in Kapitel 5.1.2 beobachteten Werte vorgespannter Kugelgewindetriebe. Gleichwohl sind die detektierten Verlagerungen in Zug- und Druckrichtung für betragsmäßig identische externe Axialkräfte nahezu identisch. Der Kugelgewindetrieb verhält sich demnach für beide Belastungsrichtungen nahezu gleich. Der Vergleich zwischen Experiment und Berechnung weist eine hohe Übereinstimmung auf. Der s-förmige Verlauf ist für die rechnerisch ermittelte Kurve deutlich zu erkennen. In Zugrichtung weist der berechnete Verlauf ab einer Axialkraft von ca. 2 kN eine Abweichung auf. Die experimentelle Kurve flacht hier im Gegensatz zur berechneten Kurve ab. Für weiter zunehmende Zugkräfte verlaufen die Kurven nahezu parallel, auch wenn eine Differenz der Verlagerungen (ca. 2,8 µm) aufgrund des beschriebenen Abflachens weiter besteht. In Druckrichtung ist für Kräfte bis ca. 3 kN eine Differenz zwischen Experiment und Berechnung zu beobachten, das Berechnungsmodell unterschätzt hier die Steifigkeit des Kugelgewindetriebs. Daran anschließend verlaufen die Kurven nahezu deckungsgleich, wenngleich die berechnete Kraft-Verlagerungskurve eine geringere Steigung und somit höhere Steifigkeit in diesem Bereich zeigt.

Zur Verdeutlichung der Beobachtungen sind in Tabelle 5.3 die identifizierten Teilbereichssteifigkeiten gegenübergestellt. Die aufgeführten Teilbereichssteifigkeiten der experimentellen Messwerterfassung stellen den Mittelwert für Be- und Entlastung dar. Um die identifizierten Auffälligkeiten zu berücksichtigen, sind die Schrittweiten der Teilbereiche gegenüber den in Kapitel 5.1.2 präsentierten verändert. Die Gegenüberstellung der rechnerisch wie experimentell ermittelten Teilbereichssteifigkeiten bestätigt die aus den Kurvenverläufen abzulesenden Zusammenhänge. In Druckrichtung unterschätzt das Berechnungsmodell die Steifigkeit des Kugelgewindetriebs für geringe externe Axialkräfte bis 1 kN, danach überschätzt das Berechnungsmodell die Steifigkeit geringfügig. In Zugrichtung ist für alle analysierten Axialkraftbereiche eine sehr gute Übereinstimmung zu beobachten, wobei das Berechnungsmodell den erläuterten Sprung wie beschrieben nicht nachbildet.

Tabelle 5.3: Experimentell und rechnerisch ermittelte Teilbereichssteifigkeiten von KGT 6
Experimentally and simulative determined partial stiffnesses of ball screw no. 6

	Teillastbereich in N	Axialsteifigkeit in N/µm - Messposition 1	
		experimentell	simulativ (% Abweichung)
1	0 bis 1.000	224,45	145,75 (ca. 26%)
2	1.000 bis 2.000	208,81	230,59 (ca. 10%)
3	2.000 bis 4.000	230,07	279,36 (ca. 21%)
4	4.000 bis 6.000	266,11	321,78 (ca. 20%)
5	6.000 bis 8.000	335,89	351,29 (ca. 4%)
6	-5.500 bis -3.000	300,63	283,53 (ca. 6%)
7	-3.000 bis -1.000	315,85	231,58 (ca. 27%)
8	-1.000 bis 0	134,33	139,97 (ca. 4%)

5.1.4 Experimentelle Bestimmung der elastischen Deformation der KGT-Mutter

Experimental determination of the elastic deformation of the ball screw nut

Neben der Analyse des Kraft-Verlagerungsverhaltens wurde der Versuch unternommen die elastische Deformation der Flanschmutter experimentell zu ermitteln. Zweck der Untersuchung war es zu identifizieren, inwieweit die Lastverteilung im Wälzbereich am Außenrand der KGT-Mutter detektiert werden kann. Hierzu wurde ein spezieller Dehnungsmessstreifen entlang der Längsachse der Flanschmutter des Kugelgewindetriebs appliziert. Bedingt durch den konstruktiven Aufbau von Kugelgewindetrieben erfordert eine experimentelle Bestimmung der elastischen Deformation der KGT-Mutter in unmittelbarer Nähe zu den Gewindelaufbahnen eine maschinelle

Bearbeitung des Mutternkörpers. Abgesehen von der schwierigen technischen Umsetzung würde eine solche Bearbeitung eine charakteristische Beeinflussung des Komponentenverhaltens nach sich ziehen und ist somit nicht uneingeschränkt zielführend.

Zur Detektion der elastischen Deformationen an der Mantelfläche der Flanschmutter ist ein DMS in Form einer KY DMS-Kette verwendet [HBM16b]. Diese ist aus 15 unabhängigen Messgittern, welche in fünf Reihen zu drei Messgittern angeordnet sind, aufgebaut. Die äußeren Messgitter weisen eine um 60° zur Längsachse der KY DMS-Kette gedrehte Position auf. Die mittleren Messgitter jeder Messgitterreihe sind parallel zur Längsachse angeordnet. DMS dieses Typs werden speziell zur „Ermittlung von Dehnungsverläufen“ [HBM16b] eingesetzt. Durch die alternierende Ausrichtung der einzelnen Messgitter auf einem gemeinsamen Träger ermöglichen die KY DMS-Ketten es, zweiachsige Spannungszustände zu erfassen. Jedes Messgitter ist als unabhängige Viertelbrücke geschaltet und folglich unabhängig zu den anderen Messgittern auswertbar. KY DMS-Ketten sind temperaturkompensiert und erlauben die Auflösung geringster Verformungen [HBM16b]. Bild 5.16 zeigt die Anordnung und Ausrichtung der applizierten KY DMS-Kette an der Flanschmutter des Kugelgewindetriebs sowie schematisch den von den jeweiligen Messgitterreihen abgedeckten Bereich. Die Messgitter von DMS 1 und DMS 2 überdecken den zylindrischen Zwischenbereich der beiden Gewindegänge. Das Messgitter von DMS 3 befindet sich im Übergangsbereich des Zylinderteils zum Gewindegang und die Messgitter von DMS 4 und DMS 5 überdecken den zweiten Gewindegang der Flanschmutter. DMS „x“ dient der Temperaturkompensation.

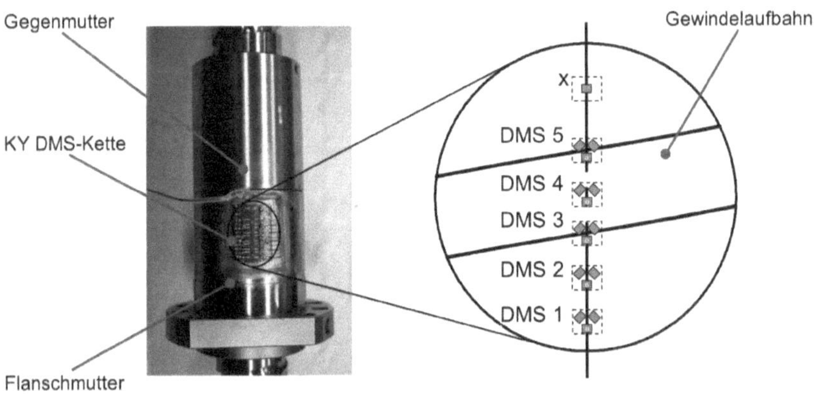

Bild 5.16: Schematische Anordnung und Ausrichtung der KY DMS-Messkette
Schematic arrangement and alignment of the KY strain gauge chain

Bedingt durch die Anbringung der KY DMS-Kette werden abweichende Verformungen unterschiedlicher Teilbereiche der Flanschmutter erwartet. Die KY DMS-Kette wurde auf den vollständig montierten Kugelgewindetrieb aufgebracht, eine einheitsbezogene

Kalibrierung war daher nicht möglich. Die Messung liefert folglich ausschließlich qualitative Ergebnisse. Vor jeder Messung wurde jedes Messgitter genullt, die Messwerterfassung erfolgte für alle Messgitter identisch.

Die Messung der elastischen Deformation erfolgt auf dem in Kapitel 5.1.1 beschriebenen Prüfstand. Bild 5.17 zeigt die Einbaulage des Kugelgewindetriebs. Durch eine spezielle Adapterbuchse ist die Montage möglich, ohne den DMS zu beschädigen. Der aufgeklebte DMS ist im Prüfaufbau nach oben gerichtet. Außerhalb der eingebrachten Aussparung ist die Flanschmutter durch ihren Zentrierbund zentriert und geführt. Die eingebrachte Aussparung ragt nur gering über den DMS hinaus, um eine weitestgehend unbeeinflusste Anbindung der Flanschmutter im Prüfstand zu erlauben. Die Bewertung der auftretenden Deformationen erfolgt über die gemessenen Brückenverstimmungen der einzelnen DMS.

Bild 5.17: Einbaulage der mit einem DMS präparierten KGT-Mutter
Assembly position of the with a strain gauge prepared ball screw nut

In Bild 5.18 sind die mittels der mittleren Messgitter detektierten Brückenverstimmungen der Flanschmutter abgebildet. Im oberen Teilbild sind vergleichend zwei zeitlich aufeinander folgende Messungen überlagert abgebildet. Zur Steigerung der Übersichtlichkeit sind nur die an den DMS 1 und DMS 5 aufgezeichneten Brückenverstimmungen dargestellt. Auf der Abszisse ist die Zeit der Messwerterfassung, ausgehend vom Zeitpunkt Null zu Beginn der Messung, fortlaufend in Sekunden aufgetragen. Auf der Ordinate ist die Brückenverstimmung des jeweiligen Messgitters in mV/V aufgetragen. Der Vergleich der Messwerte zeigt eine hohe Übereinstimmung zwischen den beiden Messungen.

Im unteren Teilbild ist die vollständige Übersicht aller fünf mittleren DMS-Messgitter aufgetragen. Auf der Abszisse ist erneut die Zeit in Sekunden aufgetragen, die linke Ordinate zeigt wieder die Brückenverstimmungen in mV/V. Die den Brückenverstimmungen zugrunde liegende externe Axialkraft ist durch die magentafarbene Strichlinie aufgeführt, die zugehörige Skalierung ist auf der rechten Ordinate in N aufgetragen. Entsprechend dem vorgestellten Aufbau der KY DMS-Kette sind fünf Einzelmessschriebe aufgeführt. Die farbliche Zuordnung der Messgitter und somit der Position auf der Flanschmutter ist der Legende in Bild 5.18 zu entnehmen. Die Messschriebe im unteren Teilbild zeigen sowohl Unterschiede der Brückenverstimmungen in Abhängigkeit der DMS Position als auch zwischen der detektierten Deformation bei Belastungen in Zug- wie Druckrichtung für identische Positionen. Insbesondere für eine eingeleitete Druckkraft sind die ermittelten Brückenverstimmungen der Messgitter stark unterschiedlich.

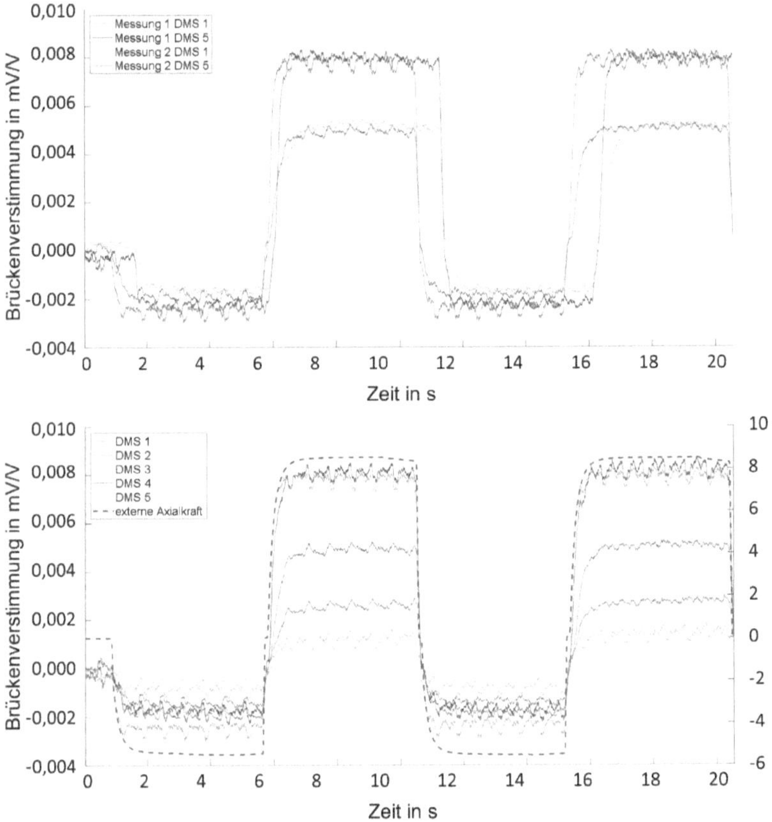

Bild 5.18: Messung der KGT-Mutter Deformation
Measurement of the ball screw nut deformation

Die Brückenverstimmungen der DMS 1 und 2 sind gering, was auf deren Positionierung im zylindrischen Bereich der Flanschmutter zurückgeführt werden kann. Die große Brückenverstimmung der DMS 4 und DMS 5 lässt sich ebenfalls durch deren Position erklären. Beide DMS überdecken den zweiten Gewindegang der Flanschmutter. Die äußerst geringe Brückenverstimmung von DMS 3 hingegen kann nicht unmittelbar durch dessen Position erklärt werden. In Zugrichtung liegen die detektierten Brückenverstimmungen deutlich näher zusammen. DMS 3 weist auch bei Zugkraft die geringste Brückenverstimmung auf, diese liegt auf identischem Niveau mit der Belastung durch Druckkraft. DMS 1, DMS 2 und DMS 5 zeigen nahezu identische Brückenverstimmungen, welche geringfügig größer sind als die von DMS 3. Die größte Brückenverstimmung unter Zugkraft zeigt DMS 4.

Eine eindeutige Interpretation der Ergebnisse ist nicht möglich. In Druckrichtung erscheint die größere Brückenverstimmung von DMS 4 und DMS 5 durch deren Position begründet zu sein. Ebenfalls ist die Brückenverstimmung von DMS 1 und DMS 2 durch deren Position erklärbar. Eine eindeutige Interpretation der Brückenverstimmung von DMS 3 ist hingegen nicht möglich. Unter einer Zugkraft zeigen die unterschiedlichen DMS nahezu keine merklichen Unterschiede auf, wodurch keine eindeutige und begründbare Interpretation der Ergebnisse ermöglicht wird.

5.2 Zwischenfazit

Interim conclusion

Die Bearbeitung des dritten Forschungsschwerpunkt bzw. die Beantwortung der dritten Forschungsfrage, die Entwicklung einer belastbaren Messmethodik zur Erfassung des Betriebsverhaltens von Kugelgewindetrieben unter veränderlichen Belastungen und der Abgleich des Berechnungsmodells mit den Ergebnissen der experimentellen Analyse, erfolgte innerhalb des Kapitels.

Der in Kapitel 5.1.2 für vorgespannte sowie in Kapitel 5.1.3 für nicht-vorgespannte Kugelgewindetriebe durchgeführte Abgleich der experimentell wie rechnerisch bestimmten Kraft-Verlagerungskurven zeigt eine sehr hohe Übereinstimmung für die untersuchten Kugelgewindetriebe.

Die Erweiterung der in [DIN11b] standardisierten Messmethode um eine zweite Messposition am von der Lasteinleitung entfernten Ende der KGT-Mutter ermöglicht es, das elastische Betriebsverhalten der Komponenten zu charakterisieren. Die geometrischen Unterschiede und differierenden Vorspannungen der Kugel-gewindetriebe sind sowohl experimentell als auch rechnerisch qualitativ mit hoher Übereinstimmung zu detektieren. Die aufgeführten Analysen der rechnerisch wie experimentell ermittelten Kraft-Verlagerungskurven der Kugelgewindetriebe KGT 1 bis KGT 6 zeigen eine sehr hohe Übereinstimmung zwischen Experiment und Berechnung. Die Anwendung des in Kapitel 4 vorgestellten Berechnungsmodells ermöglicht folglich die Analyse und Prognose des Kraft-Verlagerungsverhaltens der Kugelgewindetriebe. Bei den beobachteten Abweichungen zwischen experimentell und rechnerisch ermittelten Teilbereichssteifigkeiten handelt es sich um Differenzen in den detektierten Verlagerungen von teilweise wenigen zehntel Mikrometern bis zu maximal 2,8 µm für den nicht vorgespannten KGT 6. Ursache für die Differenzen können auf experimenteller Seite sowohl geringste Fertigungsabweichungen oder Variationen der Vorspannung sein. Zudem unterliegen die experimentellen Untersuchungen den beschriebenen Messtoleranzen. Modellseitig weisen die getroffenen Annahmen und Vereinfachungen eine Beeinflussung auf, welche in Abweichungen resultieren können.

Der Vergleich der Kraft-Verlagerungskurven von Messposition 1 und Messposition 2 zeigt den Einfluss des elastischen Verformungsverhaltens von KGT-Spindel, Flansch- und Gegenmutter sowie der Lastverteilung innerhalb der Wälzbereiche. Die Kraft-Verlagerungskurven der untersuchten Kugelgewindetriebe unterscheiden sich hinsichtlich der detektierten Verlagerung an den definierten Messpositionen deutlich.

Neben den Kraft-Verlagerungskurven stellt das Berechnungsmodell detaillierte Informationen zur axialen Verlagerung der KGT-Spindel und KGT-Mutter sowie zu den Mechanismen im Wälzkontaktbereich der Kugeln mit den Gewindelaufbahnen der KGT-Spindel und KGT-Mutter zur Verfügung und ermöglicht es somit, ein tiefgreifendes Verständnis des Betriebsverhaltens der analysierten Komponente zu erlangen.

Die in Kapitel 5.1.4 vorgestellte experimentelle Analyse der elastischen Deformation der KGT-Mutter zeigt keine eindeutig zu interpretierenden Ergebnisse. So war es möglich, positionsabhängig und reproduzierbar Unterschiede in der Brückenverstimmung zu detektieren, die unzweifelhafte Zuordnung der Ursache war jedoch nicht möglich. Die Methode zeigt in Ansätzen die Fähigkeit zur Messung der elastischen Deformation der KGT-Mutter unter externer Axialkraft, jedoch ist eine Weiterentwicklung zur Schaffung belastbarer Ergebnisse unbedingt notwendig. Insbesondere die Auswahl geeigneter DMS-Elemente sowie deren Anordnung und Kalibrierung gilt es intensiv zu hinterfragen und zu optimieren.

6 Analyse der Einflussfaktoren auf das Betriebsverhalten von Kugelgewindetrieben

Analysis of the influences on the operational behavior of ball screws

In Kapitel 5 wurden unterschiedliche Kugelgewindetriebe hinsichtlich ihres Kraft-Verlagerungsverhaltens experimentell wie rechnerisch untersucht. Der Vergleich der experimentellen Untersuchungen mit den mittels des in Kapitel 4 vorgestellten Berechnungsmodells rechnerisch bestimmten Verlaufskurven zeigte eine sehr hohe Überdeckung. Das Berechnungsmodell wird somit als geeignet angesehen, um das Betriebsverhalten unterschiedlicher Kugelgewindetriebe unter der Einleitung statischer externer Axialkräfte zu analysieren.

Das Betriebsverhalten von Kugelgewindetrieben lässt sich allgemein als die Reaktion der Komponenten auf eingeleitete interne wie externe Belastungen beschreiben und ist in hohem Maße von der Geometrie, der sich daraus ableitenden Kinematik sowie der Vorspannung bestimmt. Im folgenden Kapitel werden die für das Betriebsverhalten von Kugelgewindetrieben wesentlichen geometrischen Größen sowie weitere Einflussgrößen unter Anwendung des vorgestellten Berechnungsmodells untersucht. Ziel ist, die Beeinflussung des Betriebsverhaltens durch die unterschiedlichen Einflussgrößen zu analysieren und die Fähigkeiten des Berechnungsmodells sowie die damit einhergehenden Möglichkeiten bei der Analyse zu verdeutlichen.

6.1 Analyse der Einflüsse der Konstruktionsgrößen auf das Betriebsverhalten von Kugelgewindetrieben

Analysis of the influence of design variables on the operational behavior of ball screws

Im Betrieb wirken auf Kugelgewindetriebe hohe externe Lasten, welche die Bewegung und die Positionierung nicht signifikant beeinträchtigen sollen. Ein bestmöglicher Krafttransfer erfordert, je nach Applikation, eine Idealgeometrie, welche sowohl durch die Geometrie der Gewindelaufbahnen und Kugeln als auch durch die Geometrie der KGT-Spindel und KGT-Mutter bestimmt ist. U. a. bedingt durch die Fertigungsmethoden und -prozesse ist die Geometrie der Gewindelaufbahnen von KGT-Spindel und KGT-Mutter nicht unbegrenzt frei definierbar, sondern unterliegt Restriktionen. Folglich stellt eine definierte Geometrie oftmals den bestmöglichen Kompromiss aus wirtschaftlicher Fertigbarkeit und Komponentenperformance dar. Zudem ist die Geometrie, insbesondere die Außenabmessungen der Teilkomponenten, durch die Umgebungsstruktur begrenzt, sodass auch hier ein Kompromiss aus bestmöglicher Komponentenleistung und verfügbarem Bauraum gefunden werden muss.

Folgend wird eine Analyse der Beeinflussung des Betriebsverhaltens durch die wesentlichen geometrischen Konstruktionsgrößen von Kugelgewindetrieben sowie die Einflussnahme der Vorspannung auf das Betriebsverhalten vorgestellt.

6.1.1 Analyse des Geometrieeinflusses der KGT-Spindel und KGT-Mutter auf das Betriebsverhalten von Kugelgewindetrieben

Analysis of the geometric influence of ball screw spindle and ball screw nut on the operational behavior of ball screws

Die Gesamtverformung eines Kugelgewindetriebs ist eine Überlagerung verschiedener Teilverformungen. Signifikanten Einfluss haben insbesondere die axialen wie radialen elastischen Verformungen der KGT-Spindel und KGT-Mutter. Hierzu zählen sowohl die Verformungen der zylindrischen Grundkörper als auch die Deformationen der einzelnen Wälzkontakte. Ebenso kann der Verformung der Kugeln ein Anteil zugewiesen werden. Bild 6.1 zeigt schematisch die Geometriegrößen der Grundkörper der KGT-Spindel und KGT-Mutter, welche für das elastische Deformationsverhalten von Kugelgewindetrieben wesentlich sind.

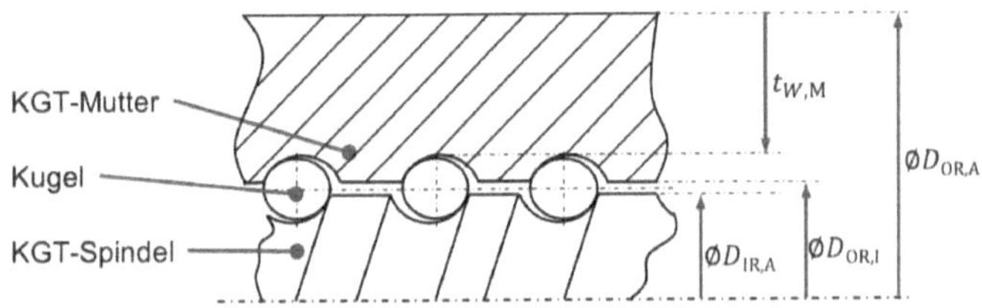

Bild 6.1: Schematische Darstellung der für das elastische Verlagerungsverhalten maßgebenden Geometrieparameter der KGT-Spindel und KGT-Mutter

Schematic representation of the geometrical parameters of the spindle and ball nut that decisive the elastic displacement behavior

Mutterseitig sind der Außendurchmesser ($D_{\mathrm{OR,A}}$) und Innendurchmesser ($D_{\mathrm{OR,I}}$) sowie die Wandstärke $(t_{\mathrm{W,M}})$ maßgebend für das elastische Deformationsverhalten. In dieser Arbeit ist die Wandstärke durch die halbe Differenz zwischen dem Außendurchmesser der KGT-Mutter und dem Gewindegrunddurchmesser ebendieser festgelegt. Bei der Definition der Wandstärke sind jedoch unterschiedliche Strategien vorstellbar. So wäre es beispielsweise auch möglich, die Wandstärke als die halbe Differenz des Außendurchmessers der KGT-Mutter zum Kontaktdurchmesser der Kugeln mit den Gewindelaufbahnen der KGT-Mutter festzulegen. Spindelseitig ist der Außendurchmesser ($D_{\mathrm{IR,A}}$) für die elastische Verformung und damit die Verlagerung infolge der Einleitung interner und externer Kräfte mitbestimmend. Im Falle einer Hohlspindel ist der Innendurchmesser ebenfalls von Bedeutung. Neben der Geometrie ist auch das Material, insbesondere der Elastizitätsmodul, der Schubmodul sowie die Querkontraktionszahl, für das elastische Deformationsverhalten wesentlich. Eine Abwandlung der Geometrie resultiert ebenso in einem veränderten Deformationsverhalten des Kugelgewindetriebs wie eine Materialänderung.

Der Einfluss der Wandstärke der KGT-Mutter wird folgend untersucht. Bild 6.2 zeigt den Vergleich der Kraft-Verlagerungskurven (Messposition 1) für unterschiedliche

Wandstärken der KGT-Mutter, bestehend aus Flansch- und Gegenmutter. Die Wandstärke wurde sowohl um 7,5 mm reduziert als auch vergrößert. Als Referenz ist im Folgenden der aus Kapitel 5 bekannte KGT 2 in Doppelmutterbauweise (Gewindesteigung 15 mm, Vorspannung 3 kN) herangezogen. Die Gewindesteigung stellt die Mitte der experimentell untersuchten Steigungen dar. Zudem weist der Kugelgewindetrieb von allen untersuchten vorgespannten Kugelgewindetrieben die geringste Vorspannung auf. Der Einfluss der Vorspannung auf das Betriebsverhalten lässt sich demzufolge für diesen Kugelgewindetrieb am geringsten annehmen. Gleichzeitig sind mögliche Beeinflussungen aufgrund fehlender Vorspannung ausgeschlossen. Mit Ausnahme der Wandstärke weisen die analysierten Kugelgewindetriebe vollkommen identische Geometrien und Eigenschaften auf. Die Zuordnung der Kurven ist der Legende in Bild 6.2 zu entnehmen.

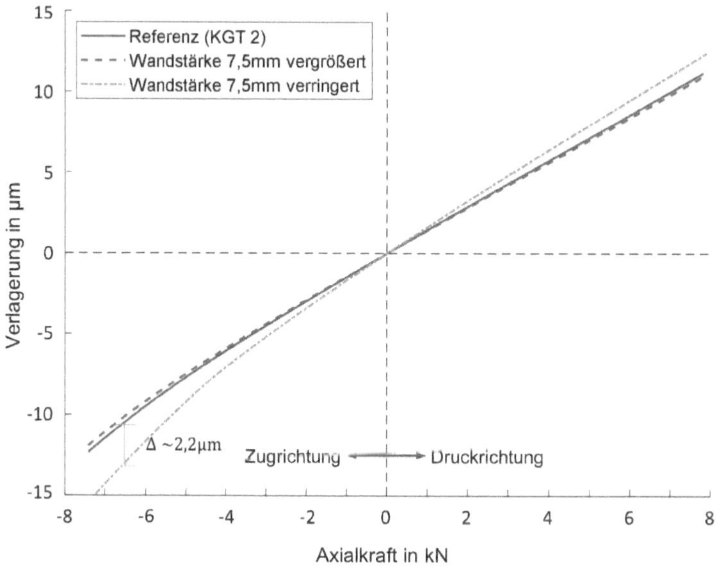

Bild 6.2: Einfluss der Wandstärke der KGT-Mutter auf das Kraft-Verlagerungsverhalten
Influence of the wall thickness of the ball nut on the force-displacement-behavior

Die Kurvenverläufe weisen für alle betrachteten Kugelgewindetriebe eine sehr ähnliche Form auf. Auffällig ist, dass eine Vergrößerung der Wandstärke der KGT-Mutter um 7,5 mm, dies entspricht einer Vergrößerung des Außendurchmessers um 15 mm, nur eine sehr geringe Reduzierung der Verlagerung nach sich zieht. Die Axialsteifigkeit des Kugelgewindetriebs ist demzufolge nur geringfügig gesteigert. Im Gegensatz hierzu lässt sich eine deutliche Zunahme der Verlagerung für die durchgeführte Reduzierung der Wandstärke beobachten. Für eine externe Axialkraft von 6,5 kN in Zugrichtung beträgt die Differenz der Verlagerung zwischen dem Referenz-KGT und dem mit verringerter Wandstärke ca. 2,2 µm. In Druckrichtung ist die Differenz der

KGT-Verlagerung weniger ausgeprägt. Die Reduzierung der Wandstärke verändert die Axialsteifigkeit des Kugelgewindetriebs demzufolge stärker als die gleich ausgeführte Vergrößerung; insbesondere in Zugrichtung wird der Kugelgewindetrieb deutlich nachgiebiger. Zudem kann für alle in Bild 6.2 betrachteten Kraft-Verlagerungskurven eine sichtbare Änderung der Kurvensteigung in Zugrichtung erkannt werden. Der Kurvenverlauf verändert sich im Bereich zwischen 5 kN und 6 kN Zugkraft signifikant, die Verlagerung nimmt in diesem Zugkraftbereich stärker zu (vgl. hierzu Kapitel 6.1.3). In Druckrichtung zeigen die Verlaufskurven hingegen durchgängig ein lineares Verhalten.

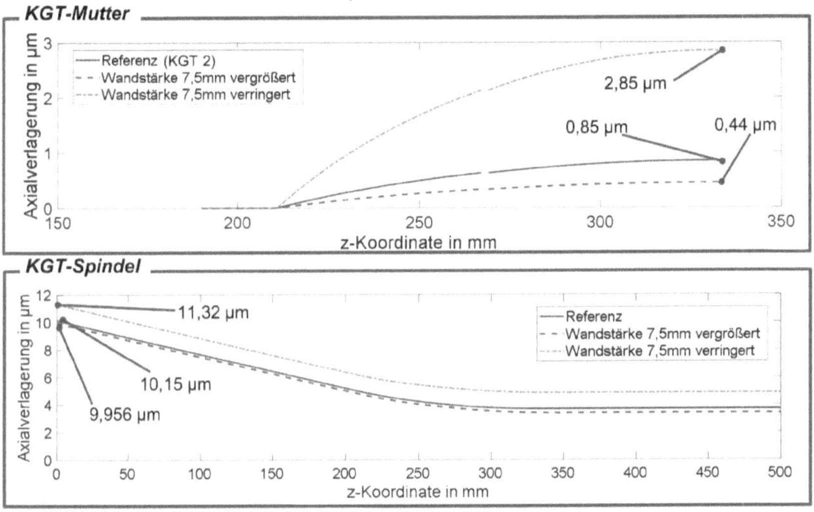

Bild 6.3: Einfluss geringer Wandstärkenänderung der KGT-Mutter auf die Axialverlagerung
Influence of slight wall thickness changes of the ball nut on its axial displacement behavior

Um die Auswirkung der Wandstärkenänderung auf die axiale Knotenverlagerung des FE-Balkenmodells zu analysieren, sind in Bild 6.3 die Knotenverlagerungen der analysierten Kugelgewindetriebe für eine Druckraft von 6,5 kN gegenübergestellt. Für die im oberen Teilbild dargestellten Verlagerungskurven der KGT-Mutter (Flansch- und Gegenmutter entsprechend der z-Koordinate ihrer Einzelknoten) ist für den Kugelgewindetrieb mit reduzierter Wandstärke eine merklich größere Knotenverlagerung zu erkennen. Die Verringerung der Wandstärke resultiert in einer bis zu ca. 2 µm größeren Knotenverlagerung. Die KGT-Mutter ist somit nachgiebiger und infolge dessen der Kugelgewindetrieb weniger axialsteif. Der Kugelgewindetrieb mit vergrößerter Wandstärke weist eine geringfügige Reduzierung (ca. 0,4 µm) der maximalen Knotenverlagerung der KGT-Mutter auf, die KGT-Mutter ist demzufolge etwas steifer. Die im unteren Teilbild dargestellten Knotenverlagerungen der KGT-Spindeln weisen ebenfalls eine größere Abweichung für den Kugelgewindetrieb mit verringerter Wandstärke auf. Augenscheinlich verlaufen alle drei Verlagerungskurven nahezu parallel. Die veränderte Wandstärke der KGT-Mutter resultiert demzufolge in einem Offset der Knotenverlagerungen der KGT-Spindel, der Verlauf der Knotenverlagerung ist jedoch nicht signifikant beeinträchtigt.

Anhand der dargestellten Untersuchungen ist offensichtlich, dass eine Variation der Wandstärke einen Einfluss auf das Kraft-Verlagerungsverhalten von Kugelgewindetrieben und somit deren Axialsteifigkeit hat. Mittels systematischer Variation der Wandstärke, sei es partiell oder an der gesamten KGT-Mutter, lässt sich deren elastische Deformation definiert regulieren. Dies kann u. a. zur gezielten Lastverteilung innerhalb des Wälzbereiches von Kugelgewindetrieben von Nutzen sein. Die gezeigten Berechnungen zeigen zudem auf, dass eine um 7,5 mm verringerte Wandstärke für den analysierten Kugelgewindetrieb eine deutlichere Änderung der axialen Verlagerung nach sich zieht als eine Vergrößerung der Wandstärke um denselben Wert. Hieraus kann abgeleitet werden, dass ab dem Erreichen eines Schwellwerts eine weitere Vergrößerung der Wandstärke keine nennenswerte Vergrößerung der Axialsteifigkeit zur Folge hat. Im Gegensatz hierzu geht mit einer Verringerung der Wandstärke eine deutliche Änderung der Axialsteifigkeit einher, woraus eine wesentliche Veränderung des Betriebsverhaltens des Kugelgewindetriebs resultieren kann. Dies sollte im Falle von Restriktionen hinsichtlich des zur Verfügung stehenden Bauraums ebenso beachtet werden wie bei wirtschaftlich motivierten Materialreduktionsmaßnahmen in der Massenfertigung.

6.1.2 Analyse des Einflusses der Wälzkontaktgeometrie auf das Betriebsverhalten von Kugelgewindetrieben

Analysis of the influence of the rolling contact geometry on the operational behavior of ball screws

Neben der Geometrie der KGT-Spindel und KGT-Mutter ist das elastische Verlagerungsverhalten von weiteren Einflussgrößen geprägt. Insbesondere die Geometrie des Kontaktes der Kugeln mit den Gewindelaufbahnen der KGT-Spindel und KGT-Mutter beeinflusst das Komponentenverhalten maßgeblich, wobei die Charakteristik der Wälzkontakte wiederum von unterschiedlichsten Einflussgrößen bestimmt wird. U. a. haben sowohl der Kugeldurchmesser, die Laufbahnradien, die Profilgestaltung als gotisches oder rundes Profil, der Außendurchmesser der KGT-Spindel, der Innendurchmesser der KGT-Mutter als auch die spindel- wie mutterseitig gefertigten Gewindegrunddurchmesser und die Gewindesteigung einen hohen Einfluss auf den sich einstellenden Betriebszustand. Des Weiteren bestimmen die Materialien der in Kontakt stehenden Komponenten sowie die aus den geometrischen Verhältnissen resultierenden Geometriefaktoren, wie Schmiegung und Kontaktwinkel, die Kontaktcharakteristik. Nachfolgend wird die Beeinflussung des Betriebsverhaltens von Kugelgewindetrieben durch die den Wälzkontakt bestimmenden geometrischen Größen untersucht.

Gewindegrunddurchmesser

Thread root diameter

Die Gewindegrunddurchmesser von KGT-Spindel (D_G^{IR}) und KGT-Mutter (D_G^{OR}) sind wesentlich zur Definition der Gewindelaufbahnen. Spindelseitig ist der Gewindegrunddurchmesser der theoretische Durchmesser des unbearbeiteten Kernzylinders der KGT-Spindel. Mutterseitig ist der Gewindegrunddurchmesser der Durchmesser der theoretisch maximalen Gewindebearbeitungstiefe der um 180° versetzten Teilsegmente des Gewindeumlaufes oder der Gewindeumläufe. Wie in Kapitel 4.1.1 beschrieben ist der Gewindegrunddurchmesser, insbesondere für gotische Spitzbogenprofile, ein theoretisches Maß. Die maximale Bearbeitungstiefe entspricht, durch die Überschneidung der Gewindeprofile, oftmals nicht dem theoretisch tiefsten Gewindepunkt. Bild 6.4 zeigt schematisch die Gewindegrunddurchmesser sowie die Definition der Gewindetiefe der KGT-Spindel (d_G^{IR}) und KGT-Mutter (d_G^{OR}) am Beispiel eines Kugelgewindetriebs mit Rundprofil.

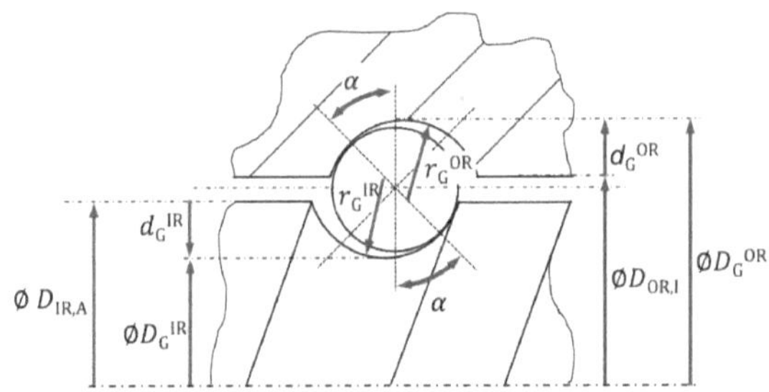

Bild 6.4: Definition des Gewindegrunddurchmessers der KGT-Spindel und KGT-Mutter
Definition of the thread root diameter of spindle and ball nut

Die geometrische Beschreibung der Gewindegrunddurchmesser der KGT-Spindel und KGT-Mutter erfolgt durch Umformen der Gleichungen (4.5) und (4.6) in die Gleichungen (6.1) und (6.2).

$$D_G^{OR} = 2 \cdot \left(\frac{D_{pw}}{2} + r_G^{OR} - \cos\alpha \left(\frac{D_w}{2} - \left(D_w - r_G^{OR} \right) \right) \right) \tag{6.1}$$

$$D_G^{IR} = 2 \cdot \left(\frac{D_{pw}}{2} - r_G^{IR} + \cos\alpha \left(\frac{D_w}{2} - \left(D_w - r_G^{IR} \right) \right) \right) \tag{6.2}$$

Beim Betrachten der Gleichungen wird deutlich, dass die konstruktiven Möglichkeiten zur Definition des gewünschten Kontaktwinkels sowie Kugelmittenkreisdurchmessers des Kugelgewindetriebs ausschließlich durch die Gewindegrunddurchmesser der KGT-Spindel und KGT-Mutter, die Laufbahnradien dieser sowie den Kugeldurchmesser erfolgen. Die Gewindegrunddurchmesser der KGT-Spindel und KGT-Mutter ihrerseits sind demnach das Resultat der Definition des Kugelmittenkreisdurchmessers, des Kontaktwinkels sowie der Schmiegung. Der Gewindegrunddurchmesser unterliegt unterschiedlichen Einschränkungen. So muss die Gewindetiefe der KGT-Spindel (d_G^{IR}) und KGT-Mutter (d_G^{OR}), also die Tiefe bezogen auf den Außendurchmesser der KGT-Spindel und den Innendurchmesser der KGT-Mutter, u. a. kleiner als der Kugelradius sein, um einen Kugelmittenkreisdurchmesser innerhalb des Zwischenraums zwischen KGT-Spindel und KGT-Mutter sicherzustellen.

Durch eine Änderung des Gewindegrunddurchmessers verändert sich die Kontaktmechanik im Wälzkontakt. Eine Variation der Gewindegrunddurchmesser beeinflusst somit das Betriebsverhalten von Kugelgewindetrieben deutlich. Die Fertigung der Gewindetiefe muss demzufolge mit großer Genauigkeit erfolgen, um eine möglichst homogene Kontaktmechanik aller Kugeln zu erzielen.

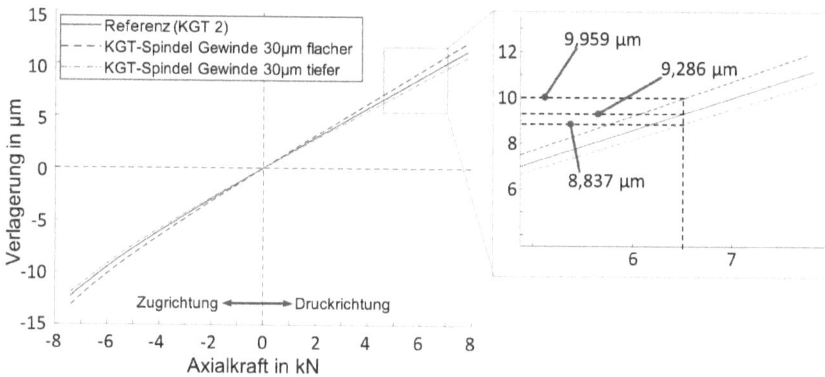

Bild 6.5: Einfluss des Gewindegrunddurchmessers der KGT-Spindel auf das Kraft-Verlagerungsverhalten

Influence of the thread root diameter of the spindle on the force-displacement-behavior

Bild 6.5 zeigt den Vergleich der Kraft-Verlagerungskurven an Messposition 1 für Kugelgewindetriebe mit unterschiedlichen Gewindegrunddurchmessern der KGT-Spindel. Die rechnerisch analysierten Kugelgewindetriebe basieren auf dem in Kapitel 5 untersuchten KGT 2, dieser ist als Referenz aufgeführt. Der Gewindegrunddurchmesser der KGT-Spindel (D_G^{IR}) wurde sowohl um 60 µm vergrößert, also die Gewindetiefe (d_G^{IR}) um 30 µm verringert, wie auch um 60 µm verringert, was einem um 30 µm tieferen Gewinde entspricht. Die Berechnung erfolgte für externe Axialkräfte von bis zu 8 kN in Zug- und Druckrichtung. Die blaue Volllinie zeigt die Kraft-Verlagerungskurve des Referenz-KGT, die rote Strichlinie die des Kugelgewindetriebs mit um 30 µm tieferem Gewinde und die grüne Strichpunktlinie die des Kugelgewindetriebs mit um 30 µm verringerter Gewindetiefe.

Der Vergleich der Kraft-Verlagerungskurven zeigt für einen verringerten Gewindegrunddurchmesser der KGT-Spindel eine Erhöhung der axialen Steifigkeit. Die Kraft-Verlagerungskurve verläuft unterhalb der des Referenz-KGT. Für eine Druckkraft von 6,5 kN ist eine Verlagerung von ca. 8,8 µm abzulesen, dies entspricht einer Verringerung von ca. 0,45 µm, verglichen mit dem Referenz-KGT. Im Gegensatz hierzu bedeutet ein größerer Gewindegrunddurchmesser der KGT-Spindel eine Verringerung der axialen Steifigkeit. Bei 6,5 kN Druckkraft beträgt die Verlagerung des Kugelgewindetriebs mit vergrößertem Gewindegrunddurchmesser ca. 9,96 µm, was einer Zunahme von ca. 0,67 µm zum Referenz-KGT gleichkommt. Die Abweichung zum Referenz-KGT ist für den vergrößerten Gewindegrunddurchmesser demnach stärker ausgeprägt.

Um dies weiter zu untersuchen, zeigt Bild 6.6 die Gegenüberstellung der Kontaktwinkel, Normalkräfte sowie der elastischen Deformationen der Einzelwälzkontakte der Kugelgewindetriebe mit verändertem Gewindegrunddurchmesser der KGT-Spindel bei einer Druckkraft von 6,5 kN. Die Benennung der Koordinatenachsen sowie die Darstellung entspricht denen in Kapitel 5.1.2.

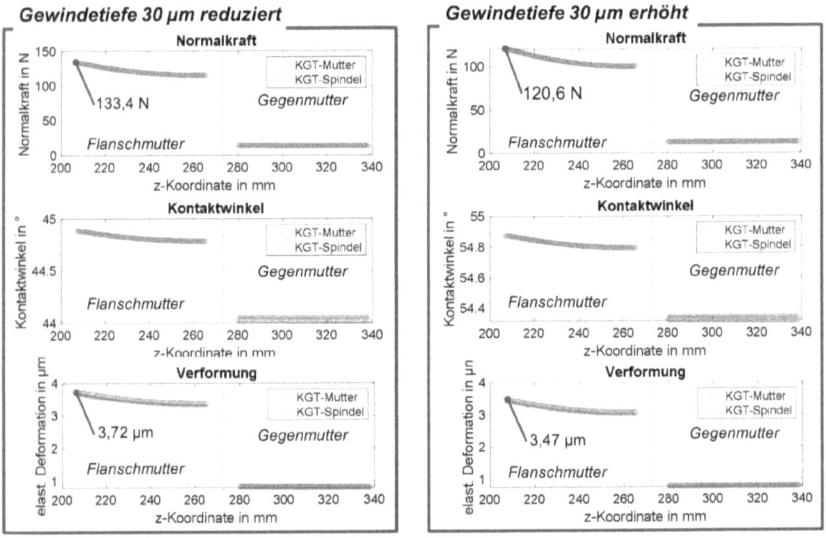

Bild 6.6: Einfluss der Gewindetiefe auf die Normalkraft, den Kontaktwinkel und die Verformung

Influence of the thread depth on the normal force, the ball contact angle and elastic deformation

Die dargestellten Verläufe der Normalkraft sowie der Kontaktwinkel der Kugeln innerhalb des Wälzbereiches verdeutlichen, wie die Änderung des Gewindegrunddurchmessers der KGT-Spindel die Kinematik der Einzelwälzkontakte beeinflusst. Bei reduzierter Gewindetiefe stellen sich kleinere Kontaktwinkel der Kugeln in den einzelnen Wälzkontakten ein. Aufgrund dessen sind die Normalkräfte höher und der Kugelgewindetrieb nachgiebiger. Der Kugelgewindetrieb mit erhöhter Gewindetiefe der KGT-Spindel weist, verglichen mit dem Kugelgewindetrieb mit reduzierter Gewindetiefe, um ca. 10° größere Kontaktwinkel in den Wälzkontakten auf. Die Normalkräfte in den Wälzkontakten sind folglich geringer, für die höchstbelastete erste Kugel in der Flanschmutter beträgt die Differenz ca. 13 N. Aufgrund der geringeren Normalkräfte ist die elastische Deformation der Wälzkontakte ebenfalls geringer und die Axialsteifigkeit des Kugelgewindetriebs höher.

Die Veränderung der nominalen Kontaktwinkel bei einer Änderung des Gewindegrunddurchmessers der KGT-Spindel lässt sich anhand von Gleichung (4.4) und Gleichung (6.2) erklären. Nach Gleichung (4.4) resultiert, bei sonst vollkommen unveränderter Geometrie, eine Reduzierung des Gewindegrunddurchmessers der KGT-Spindel, also eine Vergrößerung der Gewindetiefe ebendieser, in einem kleineren Kugelmittenkreisdurchmesser. Im Gegensatz dazu bedingt eine Verringerung der Gewindetiefe der KGT-Spindel eine Vergrößerung des Kugelmittenkreisdurchmessers. Wird nun Gleichung (6.2) zur Bestimmung des initialen Kontaktwinkels in Gleichung (6.3) umgeformt, kann der theoretische initiale Nennkontaktwinkel bestimmt werden.

$$\alpha = \arccos\left(\frac{\frac{D_G^{IR}}{2} - \frac{D_{pw}}{2} + \mathrm{r}_\mathrm{G}^\mathrm{IR}}{\frac{D_w}{2} - (\mathrm{D_w} - \mathrm{r}_\mathrm{G}^\mathrm{IR})}\right) \tag{6.3}$$

Die Anwendung von Gleichung (6.3) resultiert für einen Kugelgewindetrieb mit tieferem Gewinde und infolge dessen verringertem Kugelmittenkreisdurchmesser in einem vergrößerten initialen Nennkontaktwinkel und somit wie in Bild 6.6 dargestellt in geringeren Normalkräften der einzelnen Wälzkontakte und einer höheren axialen Steifigkeit des Kugelgewindetriebs. Im Gegensatz hierzu verringert sich der initiale Kontaktwinkel für eine Reduzierung der Gewindetiefe der KGT-Spindel.

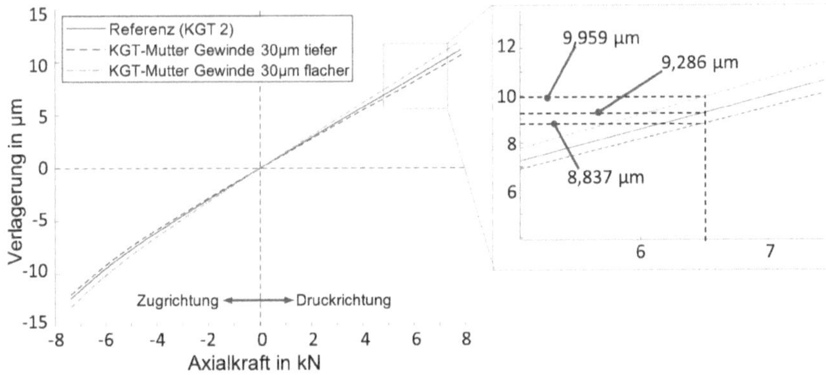

Bild 6.7: Einfluss des Gewindegrunddurchmessers der KGT-Mutter auf das Kraft-Verlagerungsverhalten

Influence of the thread root diameter of the ball nut on the force-displacement-behavior

Die Einflussnahme einer Änderung des Gewindegrunddurchmessers der KGT-Mutter auf das Kraft-Verlagerungsverhalten ist in Bild 6.7 dargestellt. Der Gewindegrunddurchmesser der Flansch- und Gegenmutter wurde im Vergleich zum Referenz-KGT (blaue Volllinie) um 60 µm verringert und vergrößert. Eine Vergrößerung des Gewindegrunddurchmessers der KGT-Mutter um 60 µm bedeutet eine Vergrößerung der Gewindetiefe um 30 µm (rote Strichlinie). Eine Verringerung des Gewindegrunddurchmessers der KGT-Mutter um 60 µm bedeutet eine Reduzierung der Gewindetiefe um 30 µm (grüne Strichpunktlinie). Numerisch entsprechen die Änderungen der Gewindetiefe der KGT-Mutter den zuvor behandelten Änderungen der KGT-Spindel. Die rechnerisch ermittelten Kraft-Verlagerungskurven sind identisch zu denen mit veränderter Gewindetiefe der KGT-Spindel. Eine Vergrößerung des Gewindegrunddurchmessers der KGT-Mutter bedingt eine Vergrößerung des Kugelmittenkreisdurchmessers und initialen Nennkontaktwinkels und infolgedessen eine Erhöhung der axialen Steifigkeit des Kugelgewindetriebs.

Aus den gezeigten Analysen ist der direkte Einfluss des Gewindegrunddurchmessers (der Gewindetiefe) auf das Betriebsverhalten von Kugelgewindetrieben ersichtlich. Die betrachteten Änderungen des Gewindegrunddurchmessers der KGT-Spindel oder KGT-Mutter resultieren in einer merklichen Änderung des Kraft-Verlagerungsverhaltens sowie der Wälzkontaktcharakteristik. Eine Vergrößerung der Gewindetiefe der KGT-Spindel oder KGT-Mutter resultiert in einer höheren Axialsteifigkeit, während eine Verringerung der Gewindetiefe eine Reduzierung der Axialsteifigkeit zur Folge hat. Neben einer ungewollten Veränderung des Betriebsverhaltens durch eine fertigungsbedingte Variation des Gewindegrunddurchmessers kann dieser auch als Werkzeug zur gezielten Anpassung des Betriebsverhaltens von Kugelgewindetrieben nutzbar gemacht werden. So ließe sich beispielsweise die Lastverteilung innerhalb einer KGT-

Mutter durch eine gezielte Veränderung des Gewindegrunddurchmessers innerhalb der KGT-Mutter steuern. Neben der Lastverteilung würde eine solche Änderung jedoch u. a. auch die Reibung der Kugeln im Kontakt mit den Gewindelaufbahnen beeinflussen, was nachteilig sein könnte.

Kontaktwinkel

Contact angle

Bei der Auslegung von Kugelgewindetrieben wird herstellerseitig ein nominaler Kontaktwinkel angestrebt. Die Regulierung des Kontaktwinkels erfolgt durch die im vorherigen Abschnitt diskutierte Auslegung des Gewindegrunddurchmessers sowie durch die Definition der Gewindelaufbahnradien und des Kugeldurchmessers. Der Nennkontaktwinkel wird als initial identisch für jeden Kontaktpunkt der Kugeln mit den Gewindelaufbahnen der KGT-Spindel oder KGT-Mutter angenommen, seine geometrische Definition ist in Kapitel 2.3.1 vorgestellt. In der Realität weisen die einzelnen Kugeln keine identischen Kontaktwinkel auf. Unter anderem ist dies durch die fertigungsbedingten Geometrieabweichungen bedingt. Des Weiteren ist der Kontaktwinkel während des Betriebs veränderlich. So resultiert die Einleitung einer externen Axialkraft auf den Kugelgewindetrieb in einer veränderten Position der einzelnen Kugeln und somit in einer Veränderung des Kontaktwinkels. Bild 6.8 zeigt allgemein, wie der Kontaktwinkel die Normalkraft im Kontaktpunkt der Kugel mit der Gewindelaufbahn unter einer rein in axialer Richtung wirkenden Kraft beeinflusst. Zur Vereinfachung ist die Ansicht der Normalkraft ($F_{N,i}$) um den Steigungswinkel gedreht.

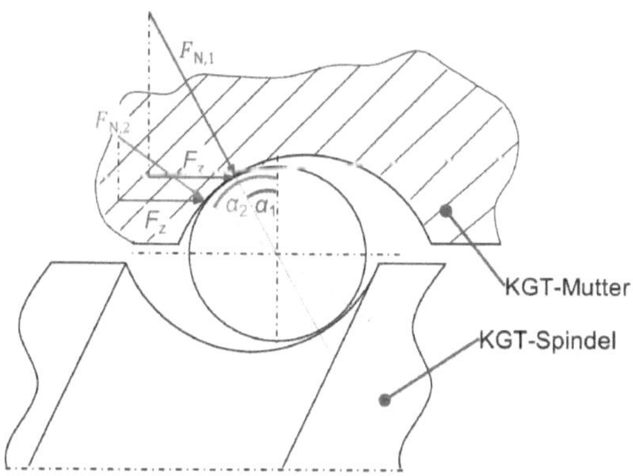

Bild 6.8: Beeinflussung der Normalkraft durch den Kontaktwinkel
Influence of the normal force due to the contact angle

Die in den Kontaktpunkt eingeleitete Kontaktaxialkraft F_z ist für die beiden dargestellten Kontaktwinkel identisch gewählt. Die Normalkraft im Kontaktpunkt ist die Resultierende der in axialer und radialer Richtung wirkenden Kräfte. Die grafisch dargestellte Kräftezerlegung im Kräftedreieck verdeutlicht den Einfluss des Kontaktwinkels. So resultiert der kleinere Kontaktwinkel α_1 in einer größeren Normalkraft $F_{N,1}$ im Kugel-Gewindelaufbahn-Kontakt. Hingegen ist die Normalkraft $F_{N,2}$, welche aus dem weit größeren Kontaktwinkel α_2 folgt, deutlich kleiner, was eine geringere Kontaktpressung und Kontaktverformung zur Folge hat. Neben der Verformung des Wälzkontaktes beeinflusst der Kontaktwinkel ebenfalls die radiale Deformation des Kugelgewindetriebs. Wie beschrieben, ergibt sich für eine als konstant gewählte externe Axialkraft auf den Kugel-Gewindelaufbahn-Kontakt für einen großen Kontaktwinkel eine geringere Normal- und Radialkraft, woraus eine geringe radiale Aufweitung der KGT-Mutter sowie eine geringere Einfederung der KGT-Spindel unter Last resultiert. Umgekehrt verhält es sich für die Einleitung einer rein in radialer Richtung wirkenden externen Kraft. Hier ruft ein großer Kontaktwinkel eine große Normalkraft hervor, während ein kleinerer Kontaktwinkel eine kleinere Normalkraft zur Folge hat.

Kugelgewindetriebe sind vornehmlich für die Übertragung in axialer Richtung wirkender Kräfte konzipiert. Insbesondere in Werkzeugmaschinen-Applikationen sind radial zur Achse der KGT-Spindel wirkende Kräfte durch die Verwendung linearer Führungssysteme (wie Profilschienenführungen) weitestgehend vermieden. Um in WZM-Anwendungen eine möglichst große Axialsteifigkeit des Kugelgewindetriebs zu erlangen, empfiehlt sich die Einstellung eines möglichst großen Nennkontaktwinkels. Jedoch bedingt ein sehr großer Kontaktwinkel unter Umständen ein Kantentragen der Kugeln. Die Kugeln wälzen in diesem Fall nahe der seitlichen Schultern der Gewindelaufbahnen ab, wodurch das Betriebsverhalten negativ beeinträchtigt und der Verschleiß stark erhöht wird. Bei der Konstruktion von Kugelgewindetrieben sind daher der gewünschte Kontaktwinkel sowie die Schulterhöhe der Gewindelaufbahnen der KGT-Spindel und KGT-Mutter (vgl. Bild 2.4) aufeinander abzustimmen. Des Weiteren verändert sich der Kontaktwinkel im Kugel-Gewindelaufbahn-Kontakt unter der Einwirkung externer Kräfte. Grundsätzlich lässt sich festhalten, dass sich der Kontaktwinkel mit zunehmender Axialkraft vergrößert (vgl. nachfolgenden Abschnitt).

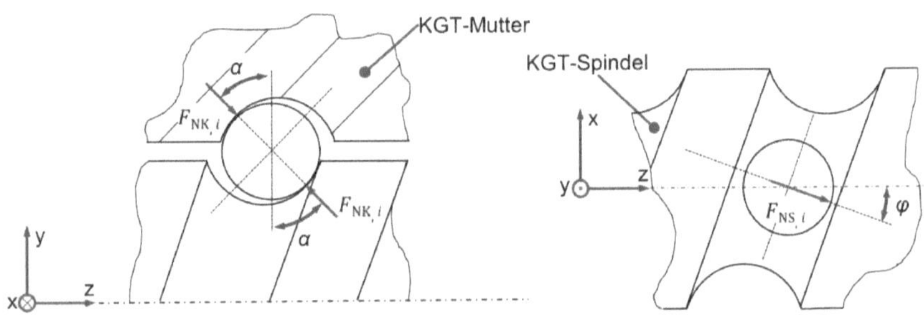

Bild 6.9: Schematische Darstellung der Kontaktgeometrie von Kugelgewindetrieben
Ball screw contact characteristics in a schematic view

Ausgehend von der Annahme eines nicht toleranzbehaftet gefertigten Kugelgewindetriebs und einer, aufgrund des nichtlinearen elastischen Verhaltens der KGT-Spindel und KGT-Mutter, ungleichen Lastverteilung innerhalb des Wälzbereiches lässt sich folgende Aussage formulieren: Jede Kugel innerhalb des Wälzbereiches weist, unter Einwirkung einer externen Axialkraft auf den Kugelgewindetrieb, eine individuelle Normalkraft und damit einhergehend einen individuellen Kontaktwinkel auf. Die Normalkraft im Kontakt der Kugeln mit den Gewindelaufbahnen der KGT-Spindel und KGT-Mutter ist wiederum, wie bereits diskutiert, mitbestimmend für das Betriebsverhalten eines Kugelgewindetriebs, da sie sowohl die Kontaktpressung als auch die elastische Verformung der KGT-Spindel und KGT-Mutter signifikant beeinflusst. Bild 6.9 verdeutlicht schematisch die Kontaktmechanik der Kugeln an den Gewindelaufbahnen der KGT-Spindel und KGT-Mutter. Die Normalkraft ist um die Längsachse des Kugelgewindetriebs um den Steigungswinkel φ und den Kontaktwinkel α gedreht. Die gesamte eingeleitete Axialkraft wird innerhalb des Wälzbereiches des Kugelgewindetriebs für jeden Kugel-Gewindelaufbahn-Kontakt der KGT-Spindel und KGT-Mutter entsprechend der Lastverteilung des Kugelgewindetriebs zu einer Kontaktnormalkraft transformiert.

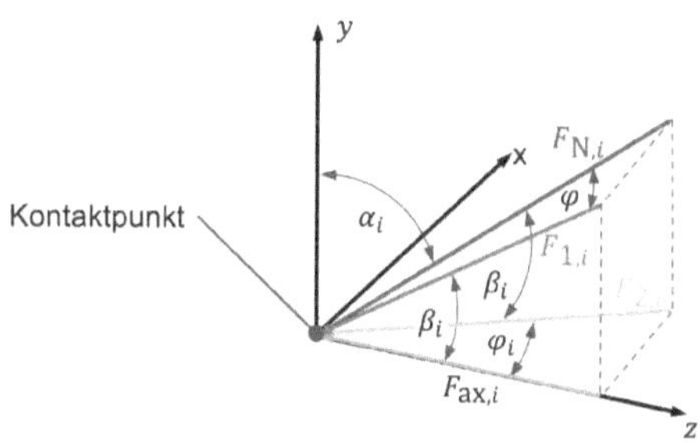

Bild 6.10: Vereinfachte schematische Darstellung der Normalkraft
Simplified schematic view of the normal force

Die dem Ort der Lasteinleitung zugewandten Kugeln sind stärker belastet als die abgewandten. Der Zusammenhang zwischen Kontaktwinkel, Steigungswinkel und Normalkraft ist exemplarisch anhand der Darstellung in Bild 6.10 beschrieben. Kugel und Gewindelaufbahn berühren sich im Ursprung des lokalen triaxialen Kontaktkoordinatensystems, dem angenommenen Kontaktpunkt. Die Normalkraft $F_{N,i}$ im Kontakt ist um den Steigungswinkel φ und den Hilfswinkel β_i um die Axialkraft $F_{ax,i}$ gedreht. Aus der Axialkraft lassen sich mit den Gleichungen Gl. (6.4) und Gl. (6.5) mit einfachen trigonometrischen Beziehungen die Hilfskräfte $F_{1,i}$ und $F_{2,i}$ bestimmen.

$$F_{1,i} = \frac{F_{ax,i}}{cos\ \beta_i} \tag{6.4}$$

$$F_{2,i} = \frac{F_{ax,i}}{cos\ \varphi} \qquad \text{mit} \qquad \beta_i = 90 - \alpha_i \tag{6.5}$$

Die Normalkraft berechnet sich dann aus den Hilfskräften sowie dem Hilfswinkel nach Gl. (6.6).

$$F_{\mathrm{N},i} = \frac{F_{\mathrm{ax},i}}{cos\varphi \cdot cos\ \beta_i} \tag{6.6}$$

Wird der Hilfswinkel β_i ersetzt, folgt der formale Zusammenhang in Gl. (6.7) zur Bestimmung der Normalkraft im Kugel-Gewindelaufbahn-Kontakt.

$$F_{\mathrm{N},i} = \frac{F_{\mathrm{ax},i}}{cos\varphi \cdot sin\ \alpha_i} \tag{6.7}$$

Um den Einfluss des initial eingestellten Nennkontaktwinkels auf das Betriebsverhalten von Kugelgewindetrieben zu verdeutlichen, zeigt Bild 6.11 den rechnerischen Vergleich der überlagerten Kraft-Verlagerungskurven von Kugelgewindetrieben mit variierenden Nennkontaktwinkeln. Die Berechnung wurde für Kugelgewindetriebe mit Nennkontaktwinkeln zwischen 35° und 60° durchgeführt, die Zuordnung der Kraft-Verlagerungskurven ist der Legende in Bild 6.11 zu entnehmen. Die analysierten Kugelgewindetriebe basieren hinsichtlich ihrer Geometrie und Vorspannung auf KGT 2, welcher als Referenz aufgeführt ist. Schmiegung und Kugelmittenkreisdurchmesser waren für alle Varianten identisch und entsprachen KGT 2. Die Gewindegrunddurchmesser und Gewindetiefen der KGT-Spindel und KGT-Mutter variierten zur Einstellung der Nennkontaktwinkel.

Bild 6.11 verdeutlicht, dass eine Reduzierung des Nennkontaktwinkels in einer größeren Verlagerung und demzufolge einer verringerten Axialsteifigkeit des Kugelgewindetriebs resultiert. Die axiale Verlagerung bei einer Druckkraft von 6,5 kN ist bei einem Nennkontaktwinkel von 60° um ca. 3,4 µm geringer als bei 35° Nennkontaktwinkel. Die Definition des Nennkontaktwinkels ermöglicht somit eine gezielte Modifikation der axialen Steifigkeit des Kugelgewindetriebs. Durch geschickte Anpassung des Nennkontaktwinkels ist es möglich, eine geforderte axiale Steifigkeit mit einer minimalen Anzahl tragender Umläufe und somit umlaufender Kugeln zu erreichen, wodurch sich insbesondere die Reibung des Kugelgewindetriebs positiv beeinflussen lässt. An dieser Stelle sei darauf hingewiesen, dass Nennkontaktwinkel von Kugelgewindetrieben unter 40° ebenso unüblich sind wie solche über 50° und in dieser Arbeit zur besseren Illustration des Sachverhalts herangezogen wurden. Häufig beträgt der Nennkontaktwinkel oder nominale Kontaktwinkel von Kugelgewindetrieben ca. 45°.

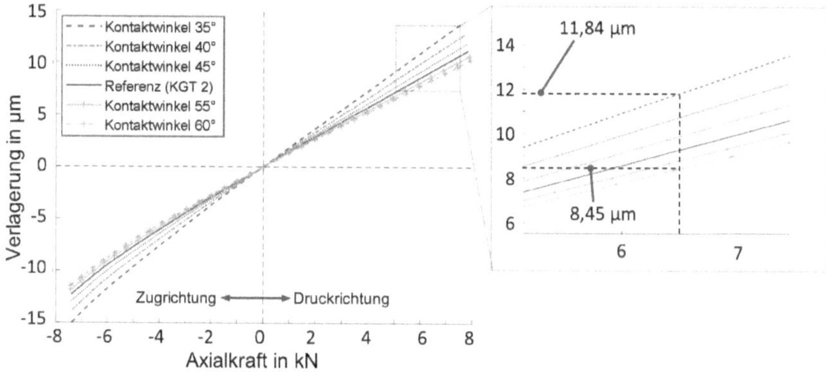

Bild 6.11: Vergleich des Kraft-Verlagerungsverhaltens bei unterschiedlichen Nennkontaktwinkeln

Influence of the force-displacement behavior by a contact angle variation

Die Beeinflussung der Wälzcharakteristik durch einen veränderten Nennkontaktwinkel zeigt Bild 6.12. Vergleichend sind die Verläufe der Normalkraft, Kontaktpressung sowie elastischen Deformation für eine Druckkraft von 6,5 kN gegenübergestellt. Die analysierten Kugelgewindetriebe weisen nominale Kontaktwinkel von 35° und 60° auf. Aus den dargestellten Verläufen ist abzulesen, dass mit verringertem Kontaktwinkel, gemäß den zuvor geschilderten Zusammenhängen, größere Normalkräfte und somit auch größere Kontaktpressungen und elastische Deformationen einhergehen. Dies gilt für den betrachteten Lastfall insbesondere für die höher belastete Flanschmutter. Die grundsätzliche Form der Verlaufskurven ist für beide Kugelgewindetriebe nicht merklich unterschiedlich. So weisen beide Kugelgewindetriebe eine Höchstbelastung an der ersten Kugel der Flanschmutter mit anschließender Reduzierung der Belastung auf, wobei die Reduzierung für 60° nominalen Kontaktwinkel stärker ausgeprägt ist. Die Lastverteilung innerhalb der KGT-Mutter ist demzufolge vom nominellen Kontaktwinkel bestimmt. Für größere nominelle Kontaktwinkel ist die Lastreduzierung innerhalb des Wälzbereiches stärker ausgeprägt. Im Vergleich der maximalen Normalkraft übersteigt der Kugelgewindetrieb mit 35° Nennkontaktwinkel den mit 60° Nennkontaktwinkel um ca. 38 N. Hieraus resultiert eine um ca. 199 MPa höhere Kontaktpressung sowie eine um ca. 0,27 µm größere elastische Deformation im Wälzkontakt der Kugel zur KGT-Spindel. Die Gegenmuttern zeigen bei beiden Kugelgewindetrieben in etwa identische Belastungen in den Wälzkontakten. Bei 35° nominalem Kontaktwinkel ist die durchschnittliche Normalkraft in der Gegenmutter um ca. 3 N höher.

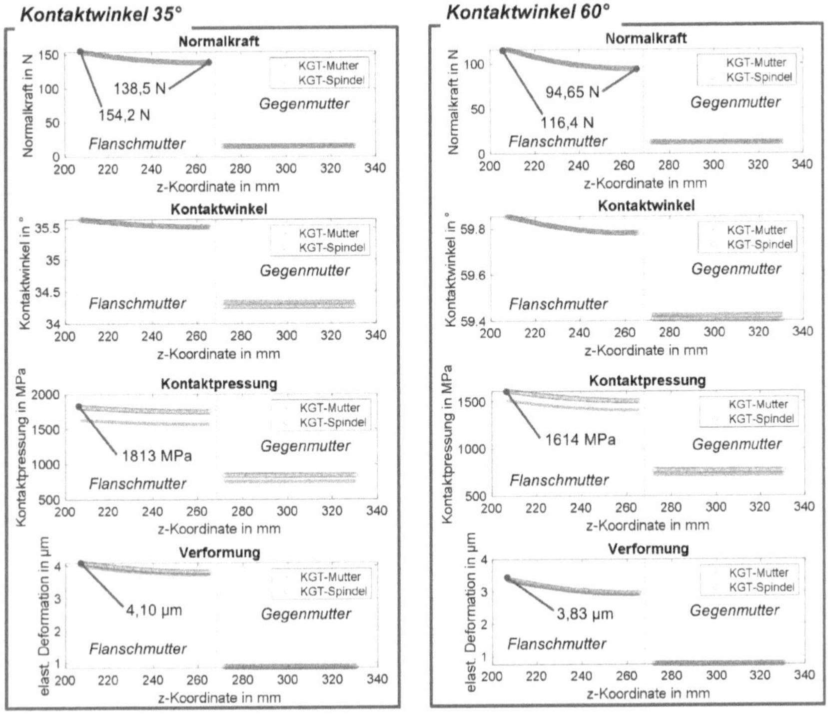

Bild 6.12: Beeinflussung der Wälzcharakteristik durch den Kontaktwinkel

Influence of the normal force due to the contact angle

Die zu Beginn des Abschnitts diskutierten Effekte der Änderung des Kontaktwinkels werden durch die Berechnungsergebnisse bestätiget. Insbesondere die mit der Reduzierung des nominalen Kontaktwinkels einhergehende Vergrößerung der Normalkraft und infolgedessen die Vergrößerung der Kontaktpressungen und axialen Nachgiebigkeit beeinflussen das Betriebsverhalten von Kugelgewindetrieben signifikant. Der Nennkontaktwinkel muss somit entsprechend den Betriebsanforderungen an den Kugelgewindetrieb definiert werden. Aufgrund der nahezu reinen Axialkraftbelastung in WZM-Applikationen ist für solche Anwendungen ein größerer Nennkontaktwinkel zur Reduktion der Kontaktpressungen und Erhöhung der Axialsteifigkeit sinnvoll. Für Anwendungen, in denen der Kugelgewindetrieb Belastungen in radialer Richtung erfährt, ist die Wahl eines kleineren Nennkontaktwinkels möglich. Durch sequenzielle Justierung des Gewindegrunddurchmessers ließe sich der Nennkontaktwinkel und infolgedessen die Wälzkontaktcharakteristik, insbesondere die Lasterverteilung innerhalb des Wälzbereiches, steuern. Hierbei gilt es jedoch die möglichen negativen Beeinträchtigungen auf die Kinematik und Reibung des Kugelgewindetriebs sowie die Anforderungen an die Fertigung kritisch zu betrachten.

Wie bereits zuvor dargestellt erfolgt die Auslegung des nominalen Kontaktwinkels über die Laufbahnradien, den Kugelradius und den Gewindegrunddurchmesser sowie den sich ergebenden Kugelmittenkreisdurchmesser und stellt demzufolge keine direkte Fertigungsgröße dar. Des Weiteren muss bei der Definition des Nennkontaktwinkels die Änderung der Kugelposition relativ zur Laufbahn unter Lasteinwirkung berücksichtigt werden, um ein Kantentragen der Kugel zu verhindern.

Veränderung der Kugelposition und Kontaktmechanik aufgrund der Lasteinleitung

Change in ball position and contact mechanics due to the load introduction

Wie im vorangegangenen Abschnitt vorgestellt, bedingt eine externe Axialkraft auf die KGT-Mutter oder die KGT-Spindel eine Verschiebung der Teilkomponenten relativ zueinander. Für spielfreie und vorgespannte Kugelgewindetriebe entspricht die Verschiebung einer elastischen Verformung der KGT-Spindel, der KGT-Mutter sowie der Kugeln. Für spielbehaftete Kugelgewindetriebe entspricht die Verschiebung der Kompensation des axialen Spiels sowie, abhängig von der Kraftgröße, ebenfalls einer elastischen Verformung der benannten Teilkomponenten. KGT-Spindel, KGT-Mutter und Kugeln sind in der Regel aus Wälzlagerstählen (100 Cr 6 oder ähnlich) gefertigt und weisen entsprechende Charakteristika, wie elastische Verformbarkeit, Wärmeleitfähigkeit, Härte etc., auf. Bedingt durch das elastische Verhalten der Teilkomponenten erfahren diese unter Belastung eine reversible Verformung. Diese Verformung entspricht in radialer Richtung einer zunehmenden Entfernung der Mittelpunkte der Kugeln und Gewindelaufbahnen der KGT-Spindel und KGT-Mutter, während in axialer Richtung eine Annäherung der Mittelpunkte stattfindet. Bedingt durch die veränderten Mittelpunktpositionen der Kugeln und Gewindelaufbahnradien vergrößert sich der Kontaktwinkel α_i des jeweils betrachteten Wälzkontaktes.

Bild 6.13 zeigt schematisch die aus einer axialen Belastung der KGT-Mutter resultierende Verlagerung ebendieser und der abgebildeten Kugeln. Die blauen Strichlinien kennzeichnen die durch eine externe Axialkraft F_{ax} verlagerte und elastisch deformierte KGT-Mutter und Kugel. Bedingt durch die Belastung vergrößert sich der Kontaktwinkel der betrachteten Kugel von $\alpha_{i,1}$ zu $\alpha_{i,2}$, was wiederum eine Änderung der Wälzkontaktcharakteristik zur Folge hat. Eine zunehmende axiale Belastung des Kugelgewindetriebs mündet in einer zunehmenden Vergrößerung der Kontaktwinkel. Im vorangegangenen Abschnitt wurde gezeigt, dass für identische Axialkräfte ein vergrößerter Kontaktwinkel kleinere Normalkräfte nach sich zieht. Daraus folgt, dass die Auswirkung der zunehmenden externen Axialkraft, nämlich eine Steigerung der Normalkraft im Kontaktpunkt, durch die vergrößerten Kontaktwinkel gemindert wird. Dennoch steigt die Normalkraft im Kontaktpunkt der Kugeln mit den Gewindelaufbahnen mit zunehmender externer Axialkraft an.

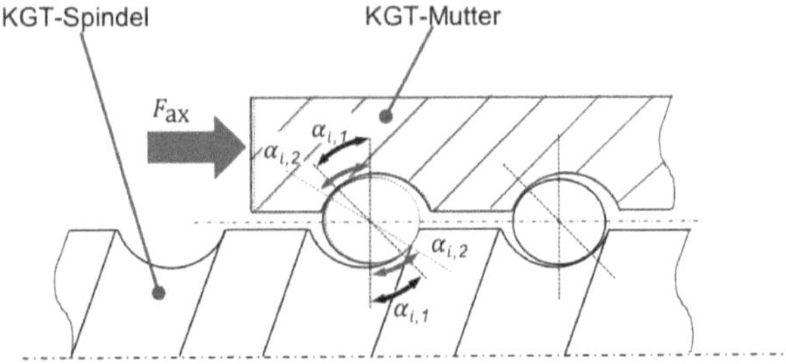

Bild 6.13: Änderung des Kontaktwinkels unter Einwirkung einer externen Axialkraft
Contact angle change due to an external axial load

U. a. bedingt durch die beschriebene verlangsamte Zunahme der Normalkraft bei steigendem Kontaktwinkel sowie die Vergrößerung der Kontaktfläche der Kugel mit den Gewindelaufbahnen der KGT-Spindel und KGT-Mutter mit zunehmender Normalkraft weist jeder Kontaktpunkt ein nichtlineares, degressives Einfederungsverhalten auf. Zusätzlich zur Einfederung im Kontaktpunkt werden die KGT-Spindel und KGT-Mutter aufgrund ihres Materialverhaltens in axialer wie radialer Richtung elastisch verformt. Die Größe der Verformung ist durch die Charakteristik des Materials sowie die Geometrie bestimmt. So wird für eine als Vollwelle ausgeführte KGT-Spindel die Verformung, insbesondere in radialer Richtung, geringer erwartet als für eine dünnwandige KGT-Mutter (vgl. Kapitel 6.1.1). Ebenso unterliegt die Kugel aufgrund ihrer Materialcharakteristiken einer elastischen Deformation in Richtung der Normalkraft. Die Steifigkeit eines Kugelgewindetriebs ist folglich ein Konglomerat seiner unterschiedlichen geometrischen wie stofflichen Eigenschaften.

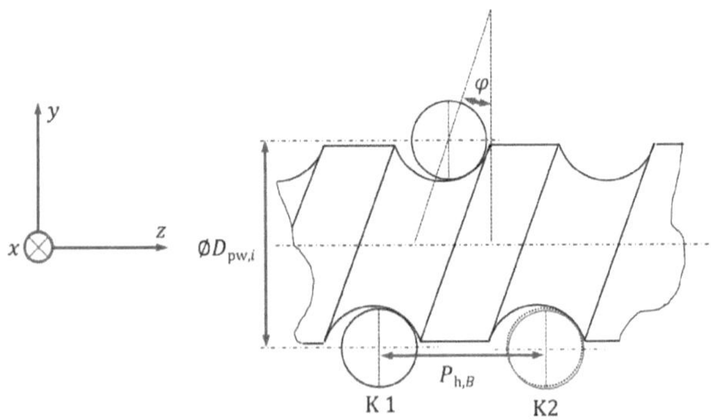

Bild 6.14: Darstellung der auf den Kugelmittelpunkt bezogenen Gewindesteigung $P_{h,B}$
Definition of lead and lead angle of ball screws

Im vorangegangenen Abschnitt wurde die unter Lasteinwirkung auftretende Veränderung des Kontaktwinkels diskutiert. Bedingt durch die im Betrieb auftretenden elastischen Deformationen der KGT-Mutter, KGT-Spindel sowie der Kugeln ändert sich neben dem Kontaktwinkel auch der Kugelmittenkreisdurchmesser während des Betriebs. Unter der Annahme einer individuellen Belastung und Kontaktverformung jeder Einzelkugel und der damit verbundenen individuellen Verlagerung weist jede Kugel in der Theorie einen individuellen und veränderlichen Kugelmittenkreisdurchmesser auf. Dies bedingt einen veränderten Kugelmittelpunktabstands $P_{\mathrm{h},B}$ entlang der Längsachse des Kugelgewindetriebs. Bild 6.14 zeigt eine Vergrößerung des Kugelmittelpunktabstands $P_{\mathrm{h},B}$ der Kugeln K 1 und K 2 vom nominellen Kugelmittelpunktabstand (Gewindesteigung P_{h}). In der dargestellten Position der als blaue Volllinie abgebildeten Kugel K 2 ist der Kugelmittenkreisdurchmesser, im Vergleich zur Nennposition (schwarze Strichlinie) sowie zur Kugel K 1, vergrößert, woraus die Veränderung des Kugelmittelpunktabstands resultiert. Die Veränderung des Kugelmittelpunktabstands $P_{\mathrm{h},B}$ ist insbesondere durch die lastbedingte Veränderung des Kontaktwinkels sowie eine Veränderung des Kontaktpunktes der Kugel und Gewindelaufbahn determiniert. Zudem können etwaige Abweichungen zwischen der Spindel- zur Mutterachse, wie sie beispielsweise durch radiale Belastungen der KGT-Spindel hervorgerufen werden können, eine Veränderung des Kugelmittenkreises und Kugelmittenpunktabstands hervorrufen.

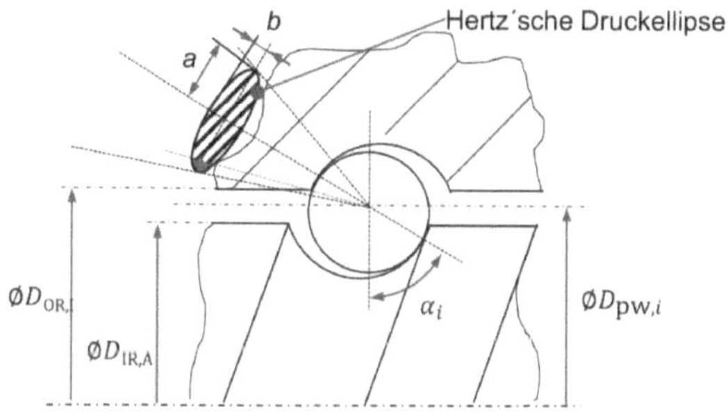

Bild 6.15: Verringerung der Hertz`schen Druckellipse aufgrund der Änderung der Kontaktcharakteristik

Truncation of the Hertz contact path due to the contact characteristic change

Durch die unter Last auftretenden Verformungen und damit verbundene Änderung der Kontaktwinkel und Kugelposition verlagert sich der Kontaktpunkt der Kugel mit den Gewindelaufbahnen in Richtung der Gewindeschultern. Die veränderte Kontaktposition der Kugeln zu den Gewindelaufbahnen führt im Extremfall zu einem Kantentragen und zu einer Verringerung der Druckellipsenfläche. In diesem Fall wälzt die Kugel nicht mehr vollständig auf den Gewindelaufbahnen ab und ein Anteil, der aus der Theorie nach HERTZ berechneten Druckellipse ragt über die Schulter der Gewindelaufbahn hinaus. Je nach Ausführung der Schulterhöhe der Gewindelaufbahnen der KGT-Spindel und KGT-Mutter tritt die Verringerung an einer oder beiden Kugel-Gewindelaufbahn-Kontakten auf. Somit beeinflussen, neben den bereits erläuterten geometrischen

Größen, auch der Außendurchmesser der KGT-Spindel ($D_{IR,A}$) sowie der Innendurchmesser der KGT-Mutter ($D_{OR,I}$) das Betriebsverhalten. Bild 6.15 zeigt schematisch eine Verringerung der Druckellipse im Kontakt der Kugel zur Gewindelaufbahn der KGT-Mutter. Aufgrund der veränderten Kugelposition ist die Druckellipse um den in rot eingefärbten Bereich verringert, woraus eine erhöhte Kontaktpressung resultiert, welche in der theoretischen Berechnung nicht berücksichtigt ist. Ein Vorgehen zur rechnerischen Identifikation der Verringerung der Hertz´schen Druckellipse ist im Anhang dieser Arbeit aufgeführt.

Neben dem Einfluss auf die Ausprägung der Druckellipse definieren die Schulterhöhen von KGT-Spindel und KGT-Mutter den Abstand der beiden Teilkomponenten zueinander. Die beiden Durchmesser lassen sich nicht unbegrenzt annähern, ohne die Fertigung, die Montage oder den Betrieb des Kugelgewindetriebs zu beeinträchtigen. Im Falle eines auftretenden Biegemoments, wie es beispielsweise in automobilen Anwendungen von Kugelgewindetrieben vorliegen kann, sind die Durchmesser zudem so auszulegen, dass eine Berührung von KGT-Spindel und KGT-Mutter trotz vorliegender Biegung ausgeschlossen ist.

Kugeldurchmesser und Gewindelaufbahnradien (Schmiegung)
Ball diameter and thread raceway (conformity)

Wie erläutert ist die Schmiegung, also das Verhältnis der Radien der Gewindelaufbahnen von KGT-Spindel oder KGT-Mutter und des Kugeldurchmessers, eine wesentliche konstruktive Größe zur Definition der Kinematik von Kugelgewindetrieben und nimmt in hohem Maße Einfluss auf die Wälzkontaktcharakteristik. So ändert sich u. a. die Ausprägung der Druckellipse stark durch die Schmiegung, wodurch die Größe der resultierenden Kontaktpressung sowie die elastische Deformation des Wälzkontaktes beeinflusst werden. Eine Justierung der Steifigkeit des Kugel-Gewindelaufbahn-Kontakts ist somit auch über die Schmiegung möglich. Eine größere Schmiegung, also eine größere Abweichung zwischen Gewindelaufbahnradius und Kugelradius, bedingt eine kleinere Druckellipse, größere Kontaktpressung sowie größere elastische Deformation und resultiert in einer geringeren Steifigkeit des Wälzkontaktes. Im Gegensatz dazu folgt aus einer Annäherung des Gewindelaufbahn- an den Kugelradius, also einer kleineren oder engeren Schmiegung, eine höhere Steifigkeit des Wälzkontaktes durch die größere Druckellipse. Die Schmiegung ist somit mitbestimmend für die Steifigkeit des Kugelgewindetriebs und weist zudem einen wesentlichen Einfluss auf dessen Reibungs- und Verschleißverhalten auf. Für Kugelgewindetriebe wird die Schmiegung, anders als bei Wälzlagern, nach Gl. (2.1) nur als Verhältnis definiert und nicht in Prozent angegeben. Innerhalb der standardisierten Berechnung der statischen und dynamischen Tragzahl von Kugelgewindetrieben ist die Schmiegung eine wichtige Bestimmungsgröße.

Der theoretische Grenzwert der Schmiegung zur Erzielung einer maximalen Kontaktfläche und minimalen Kontaktpressung ist 0,50. In diesem Fall sind die Radien der Gewindelaufbahn und der Kugeln identisch. Jedoch ergäbe sich bei der Einstellung dieser Schmiegung kein definierter Kontaktpunkt zwischen Kugel und Gewindelaufbahn, sondern eine unendliche Vielzahl von Kontaktpunkten, wodurch u. a. die Reibung und infolgedessen der Verschleiß stark negativ beeinträchtigt wäre. Üblich sind nach HABERKERN [HABE98] Schmiegungen zwischen 0,53 und 0,56 (DAMBACHER nennt 0,51 bis 0,53 [DAMB05]), wobei Abweichungen von den gängigen Schmiegungen applikationsspezifisch Anwendung finden können.

Der Einfluss der Schmiegung auf die statische axiale Steifigkeit von Kugelgewindetrieben ist anhand der rechnerisch ermittelten Kraft-Verlagerungskurven in Bild 6.16 dargestellt. Die Analyse erfolgte für Messposition 1. Zur Änderung der Schmiegung wurden die Laufbahnradien der KGT-Spindel und der KGT-Mutter so geändert, dass Schmiegungen von 0,51 bis 0,65 für die Kontakte der Kugeln mit den Gewindelaufbahnen der KGT-Spindel und KGT-Mutter vorlagen. Als Referenz ist KGT 2 herangezogen. Neben den Laufbahnradien wurde ebenfalls der Gewindegrunddurchmesser verändert, sodass die rechnerischen Nennkontaktwinkel sowie die Kugelmittenkreisdurchmesser für alle Kugelgewindetriebe kongruent waren.

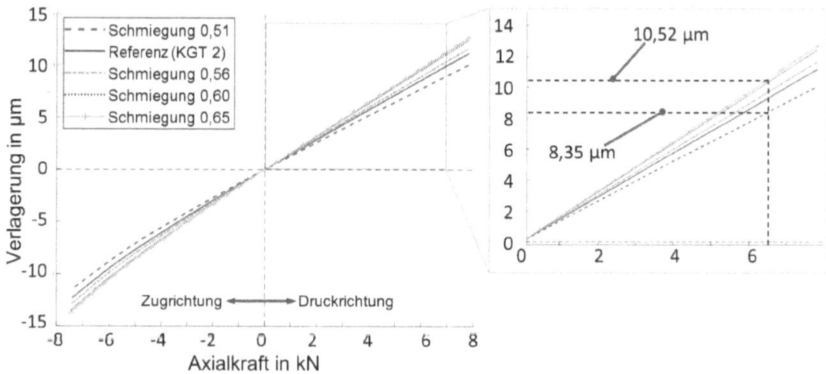

Bild 6.16: Einfluss der Schmiegung auf das Kraft-Verlagerungsverhalten von Kugelgewindetrieben

Influence of the conformity on the operational ball screw behavior

Die blaue Volllinie charakterisiert den Referenz-KGT. Die rote Strichlinie zeigt die Kraft-Verlagerungskurve des Kugelgewindetriebs mit einer Schmiegung von 0,51, die grüne Strichpunktlinie die des Kugelgewindetriebs mit einer Schmiegung von 0,56. Zudem sind die Kraft-Verlagerungskurven der Kugelgewindetriebe mit außerhalb der gängigen Grenzen liegenden Schmiegungen von 0,60 (lila Punktlinie) und 0,65 (orange Volllinie mit Kreuzmarker) abgebildet. Die Kraft-Verlagerungskurven zeigen, dass mit größer werdender Schmiegung die axiale Verlagerung zunimmt. Bedingt durch die größere Schmiegung verringert sich die Fläche der Druckellipse. Hierdurch bedingt steigen die Kontaktpressungen und elastischen Deformationen in den Wälzkontakten, als Resultat verringert sich die Axialsteifigkeit. Zudem zeigen die Kraft-

Verlagerungskurven eine deutliche Verringerung der Verlagerung für die betrachtete Minimalschmiegung (0,51) verglichen mit dem Referenz-KGT. Augenscheinlich resultiert die Verringerung der Schmiegung, insbesondere in Druckrichtung, in einer signifikanten Erhöhung der Axialsteifigkeit. Außerdem ist zu erkennen, dass die Kraft-Verlagerungskurven der Kugelgewindetriebe mit den Schmiegungen 0,60 und 0,65 nur geringfügig voneinander abweichen. Eine fortwährende Reduzierung der Axialsteifigkeit durch weitere Vergrößerung der Schmiegung scheint folglich nicht uneingeschränkt möglich zu sein. Zur Verdeutlichung werden beispielhaft die ermittelten Verlagerungen der Kugelgewindetriebe mit minimaler (0,51) und maximaler (0,65) Schmiegung bei einer Druckkraft von 6,5 kN betrachtet. Bei einer Schmiegung von 0,51 beträgt die berechnete Verlagerung ca. 8,35 µm, was einer Reduzierung von ca. 0,92 µm zum Referenz-KGT entspricht. Im Falle der maximalen Schmiegung von 0,65 beträgt die rechnerisch ermittelte Verlagerung ca. 10,52 µm. Verglichen mit dem Referenz-KGT stellt dies eine Steigerung von ca. 1,23 µm dar.

Das abweichende Kraft-Verlagerungsverhalten ist auch in der Analyse der Wälzkörpercharakteristik wiederzuerkennen. Bild 6.17 zeigt die Gegenüberstellung der Kontaktpressungen und der elastischen Deformationen der einzelnen Wälzkontakte für die Kugelgewindetriebe mit minimaler und maximaler Schmiegung bei einer Druckkraft von 6,5 kN.

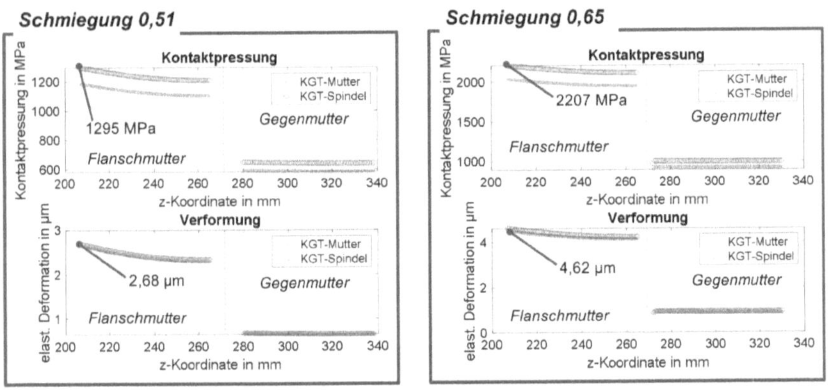

Bild 6.17: Einfluss der Schmiegung auf die Wälzkörpercharakteristik
Influence of the conformity on the rolling element characteristic

Der Einfluss der Schmiegung auf die Kontaktpressungen und elastischen Deformationen der Wälzkontakte ist deutlich zu erkennen. Die berechnete maximale Kontaktpressung ist für eine Schmiegung von 0,51 um ca. 912 MPa geringer. Ebenso ist die maximale elastische Deformation der Wälzkontakte signifikant geringer, der Unterschied zwischen beiden Schmiegungsvarianten beträgt für die höchstbelastete Kugel nahezu 2 µm. Zudem ist auffällig, dass der Kugelgewindetrieb mit Maximalschmiegung wesentlich geringere Abweichungen der Kontaktpressung und elastischen

Deformationen entlang der Spindelachse (z-Koordinate) aufweist. Für die untersuchte Kugelgewindetriebgeometrie resultiert die durchgeführte Maximierung der Schmiegung in einer homogeneren Lastverteilung; die verringerte Steifigkeit im Wälzkontakt führt zu einer Angleichung der Belastungen der einzelnen Wälzkontakte.

In der Regel weisen Kugelgewindetriebe für die Kugel-Gewindelaufbahn-Kontakte an der KGT-Spindel und KGT-Mutter identische Schmiegungen auf. Wie aus Gl. (2.1) ersichtlich, berücksichtigt die Schmiegung nur den Gewindelaufbahnradius und vernachlässigt den Einfluss der zweiten Krümmungsachse der KGT-Spindel und KGT-Mutter. Bei der KGT-Spindel ist die Gewindelaufbahn auf der Außenmantelfläche appliziert, woraus eine konvex-konkave Radienpaarung folgt. Im Gegensatz hierzu ist die Radienpaarung der an der Innenmantelfläche der KGT-Mutter applizierten Gewindelaufbahn konkav-konkav. Hieraus resultierend sind die Druckellipsen für identische Schmiegungen an den Gewindelaufbahnen der KGT-Spindel und KGT-Mutter für den Kontaktpunkt der Kugel zur Gewindelaufbahn der KGT-Spindel kleiner, woraus sich erhöhte Kontaktpressungen für diesen Kontaktpunkt ergeben. Die Einstellung unterschiedlicher Gewindelaufbahnradien für die KGT-Spindel und KGT-Mutter erlaubt eine gezielte Anpassung der aus der Normalkraft hervorgehenden Kontaktpressung.

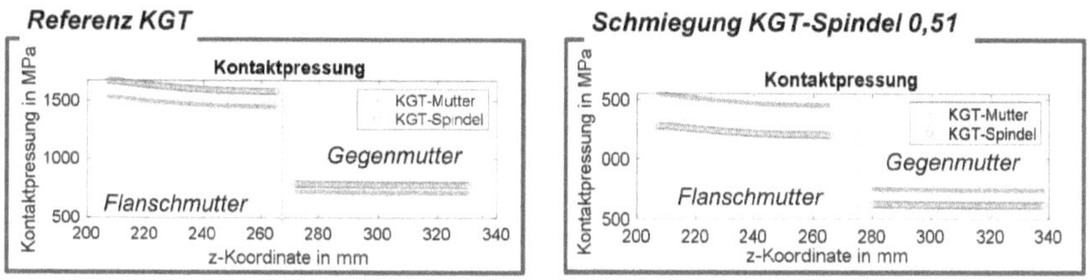

Bild 6.18: Einfluss unterschiedlicher Schmiegungen an KGT-Spindel und KGT-Mutter
Influence of different conformities at ball screw spindle and ball screw nut

Bild 6.18 zeigt die Einflussnahme unterschiedlicher Schmiegungen an der KGT-Spindel und KGT-Mutter auf die Kontaktpressungen in den Wälzkontakten für eine Druckkraft von 6,5 kN. Die Schmiegung der KGT-Spindel wurde auf 0,51 reduziert, während die Schmiegung der Flansch- und Gegenmutter der Referenz entsprach. Verglichen mit dem bekannten Referenz-KGT zeigt der veränderte Kugelgewindetrieb hinsichtlich der Kontaktpressung ein merklich abweichendes Bild. Durch die Änderung der Schmiegung an der KGT-Spindel sind die Kontaktpressungen der spindelseitigen Wälzkontakte, im Gegensatz zum Referenz-KGT, geringer als in den mutterseitigen Wälzkontakten. Durch die Änderung der Schmiegung sind die Kontaktpressungen spindelseitig um nahezu 400 MPa reduziert. Mittels spindel- und mutterseitig abweichender Schmiegungen ist es folglich möglich, die spindel- wie mutterseitig auftretenden Kontaktpressungen gezielt einzustellen.

Im Gegensatz zum Gewindegrunddurchmesser ist eine Variation der Schmiegung über dem Wälzbereich zur positionsabhängigen Definition des gewünschten

Betriebsverhaltens fertigungsbedingt nicht oder nur unter enormem Fertigungsaufwand möglich. Zudem erfordert eine zunehmende Annäherung der Radien von Gewindelaufbahn und Kugel eine äußerst präzise Fertigung. So weichen die Radien der Gewindelaufbahnen und Kugeln für die untersuchte Kugelgewindetriebgeometrie zur Einstellung einer Schmiegung von 0,51 nominal nur um 60 µm voneinander ab. Bei der Definition der Schmiegung gilt es folglich den bestmöglichen Kompromiss aus gewünschter Axialsteifigkeit und Wälzcharakteristik sowie der Fertigbarkeit zu finden. Die Möglichkeiten zur Beeinflussung des Betriebsverhaltens von Kugelgewindetrieben durch Variation der Schmiegung wurden durch die aufgeführten Berechnungen und Ergebnisse verdeutlicht. Mit zunehmender Annäherung zwischen Kugel- und Laufbahnradius vergrößert sich die Druckellipsenfläche. Infolgedessen reduzieren sich die Kontaktpressungen und elastischen Deformationen der einzelnen Wälzkontakte, und die axiale Steifigkeit des Kugelgewindetriebs nimmt zu. Eine Verringerung der Schmiegung ist somit ein geeignetes Instrument zur Erhöhung der Axialsteifigkeit. Zudem zeigten die Kraft-Verlagerungskurven für große Schmiegungen (0,60 & 0,65) nur geringe Abweichungen der axialen Verlagerungen, sodass eine Erhöhung der Nachgiebigkeit des Kugelgewindetriebs durch Vergrößerung der Schmiegung einem Grenzwert entgegenzustreben scheint. Gleichwohl konnte für die untersuche Kugelgewindetriebgeometrie mit größer werdender Schmiegung eine zunehmend homogene Lastverteilung im Wälzbereich beobachtet werden. Eine Verringerung der Steifigkeit im Wälzkontakt ermöglicht demzufolge eine homogenere Lastverteilung. Mittels Einstellung unterschiedlicher Schmiegungen an der KGT-Spindel und KGT-Mutter ist eine gezielte Steuerung der auftretenden Kontaktpressungen und eine Annäherung dieser, im Kontakt der Kugel mit den Gewindelaufbahnen der KGT-Spindel und KGT-Mutter, möglich. Dies kann in speziellen Applikationen zur Reduzierung der spindelseitigen Kontaktpressungen sinnvoll sein.

Gewindesteigung (Steigungswinkel)

Lead (lead angle)

Eine translatorische Bewegung des Kugelgewindetriebs aus der Rotation der angetriebenen KGT-Spindel oder KGT-Mutter wird erst durch die Gewindesteigung P_h (oder den Steigungswinkel φ) ermöglicht. Die Gewindesteigung definiert, welcher Weg in axialer Richtung aus einer Umdrehung der KGT-Spindel oder KGT-Mutter resultiert. Abhängig von der Toleranzklasse (vgl. [DIN11b]) des Kugelgewindetriebs muss die Gewindesteigung über einen definierten Verfahrweg eine festgelegte Mindestgenauigkeit aufweisen.

Bild 6.19 zeigt schematisch die Definition der Gewindesteigung sowie des Steigungswinkels. Die Gewindesteigung ist als lineare Verschiebung entlang der z-Achse bei einer Umdrehung der KGT-Spindel relativ zur KGT-Mutter definiert. Der Steigungswinkel entspricht dem Winkel zwischen dem Schnittpunkt der Halbierenden der Gewindelaufbahn und der Lotrechten. Der Steigungswinkel berechnet sich nach Gl. (6.8) aus dem Dreieck eines abgewickelten Zylinders. Hierbei ist die Gewindesteigung P_h die

Gegenkathete des Dreiecks und das Produkt aus Kreiszahl π und dem Kugelmittenkreisdurchmesser D_{pw} die Ankathete.

$$\varphi = arctan\frac{P_h}{D_{pw} \cdot \pi} \tag{6.8}$$

Wie bereits vorgestellt beeinflusst die Gewindesteigung unter anderem die Normalkraft im Wälzkontakt (vgl. Gleichung (6.7)), die Reibung sowie die dynamische Tragzahl. Eine veränderte Gewindesteigung bedingt eine Änderung der dynamischen Tragzahl des Kugelgewindetriebs und somit dessen Lebensdauer. Der formale Zusammenhang zwischen der Lebensdauer und der Gewindesteigung kann [DIN11d] entnommen werden.

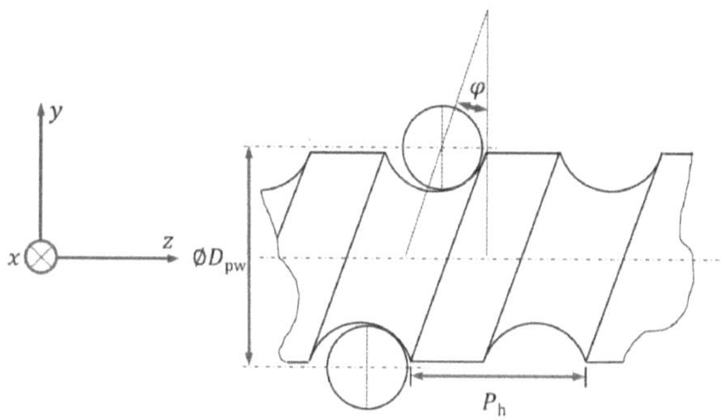

Bild 6.19: Definition der Gewindesteigung und des Steigungswinkels von Kugelgewindetrieben

Definition of lead and lead angle of ball screws

Die Gewindesteigung ist, anders als beispielsweise der Kontaktwinkel, eine konstruktiv unmittelbar einstellbare Fertigungsgröße. Gleichwohl unterliegt sie fertigungstechnischen und weiteren Restriktionen. Beispielhaft sind Leistungsgrenzen der eingesetzten Antriebsmotoren für Kugelgewindetriebe und die biegekritische Drehzahl zu nennen. Die Gewindesteigung ist demzufolge nur innerhalb definierter Grenzen variabel. Zudem ist die Gewindesteigung durch den Nenndurchmesser sowie den Kugeldurchmesser limitiert.

Die Bedeutung des Steigungswinkels für die sich ausbildende Normalkraft soll anhand von Bild 6.20 erläutert werden. Die Normalkraft ist zur Vereinfachung in die Ebene des Steigungswinkels gedreht, sodass die gedrehte Normalkraft $F_{N,S}$ betrachtet wird. Die betrachtete Normalkraft $F_{N,S}$ ist orthogonal zur Steigungsachse der Gewindesteigung orientiert, also um den Steigungswinkel φ zur z-Achse des Kugelgewindetriebs gedreht. Für eine als konstant angenommene Kontaktaxialkraft F_z in z-Richtung resultiert ein großer Steigungswinkel in einer großen Normalkraft und großen Radialkraftkomponente, während ein kleiner Steigungswinkel eine kleinere Normalkraft und Radialkraftkomponente zur Folge hat. Zur Beschreibung des Betriebsverhaltens von Kugelgewindetrieben sind die einzelnen Kugelumläufe teilweise vereinfacht durch eine Reihenschaltung identischer Schrägkugellager approximiert. Bedingt durch die fehlende Gewindesteigung wird die Einflussnahme des Steigungswinkels auf die Normalkraft vernachlässigt, was mit größer werdender Gewindesteigung in einer zunehmenden Ungenauigkeit mündet. Zudem resultiert eine Vernachlässigung der Gewindesteigung in identischen Positionen aller Kugeln eines Umlaufs in Richtung der Längsachse des Kugelgewindetriebs.

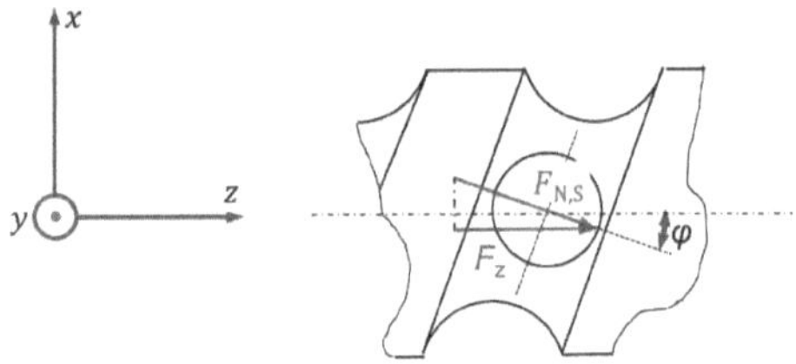

Bild 6.20: Beeinflussung der Normalkraft durch den Steigungswinkel
Influence of the normal force due to the lead angle

Für rein in axialer Richtung auf den Kugelgewindetrieb wirkende externe Kräfte folgt hieraus, dass alle Kugeln eines Umlaufes identisch belastet sind. Die aufgrund der externen Axialkraft auftretende Verlagerung der KGT-Mutter wird somit unterschätzt, was eine Überschätzung der Komponentensteifigkeit nach sich zieht. Je größer die Gewindesteigung, desto größer ist die resultierende Abweichung. In Werkzeugmaschinen sind häufig Gewindesteigungen von 20 mm und höher eingesetzt, um die teilweise großen Verfahrwege mit hoher Axialgeschwindigkeit abzudecken, ohne die biegekritische Drehzahl zu überschreiten. Hieraus resultiert unweigerlich eine merkliche Überschätzung der axialen Steifigkeit durch eine die Gewindesteigung vernachlässigende Modellbetrachtung.

Zur Analyse der Einflussnahme des Steigungswinkels auf das Betriebsverhalten von Kugelgewindetrieben zeigt Bild 6.21 einen Vergleich der Kraft-Verlagerungskurven von baugleichen Kugelgewindetrieben mit unterschiedlichen Gewindesteigungen für Messposition 1. Zur Schaffung eines größeren Kontrastes zwischen den unterschiedlichen Steigungen dient, abweichend zu den bisherigen Untersuchungen, der aus Kapitel 5.1.2 bekannte KGT 3 (KGT 40x20) als Referenz. Die Gewindesteigung der rechnerisch untersuchten Kugelgewindetriebe variierte zwischen 10 mm und 40 mm. Die Längen der Flansch- und Gegenmuttern wurden der veränderten Gewindesteigung angepasst. Mit Ausnahme der Gewindesteigung weisen alle Kugelgewindetriebe identische Kontaktgeometrien auf. Ebenfalls sind die Anzahl der Kugeln innerhalb des Wälzbereiches der Flansch- und Gegenmutter sowie die Vorspannung für alle Kugelgewindetriebe identisch, diese beträgt 4 kN. Das Kraft-Verlagerungsverhalten des Referenz-KGT ist als blaue Volllinie dargestellt. Die rote Strichlinie zeigt die Kraft-

Verlagerungskurve bei 10 mm Gewindesteigung. Die grüne Strichpunktlinie zeigt den Kugelgewindetrieb mit 30 mm Gewindesteigung und die lila- farbene Punktline den mit 40 mm Gewindesteigung. Der Vergleich der Kraft-Verlagerungskurven der untersuchten Kugelgewindetriebe zeigt grundsätzlich eine geringere Verlagerung für geringere Gewindesteigungen. Gleichwohl weist die Kraft-Verlagerungskurve bei einer Verringerung der Steigung von 20 mm auf 10 mm keine deutliche Abweichung auf. Im Gegensatz hierzu ist ein merklicher Unterschied zwischen dem Referenz-KGT und dem mit 30 mm Gewindesteigung zu identifizieren. Eine weitere Erhöhung der Gewindesteigung auf 40 mm resultiert wiederum nur in einer geringen Zunahme der berechneten Verlagerung. Die Gewindesteigung beeinflusst die Axialsteifigkeit der analysierten Kugelgewindetriebe merklich. Die Axialsteifigkeit nimmt mit geringer werdender Gewindesteigung zu. Die größte Abweichung lässt sich zwischen 20 mm Gewindesteigung und 30 mm Gewindesteigung erkennen, für eine weitere Vergrößerung bzw. Verkleinerung der Gewindesteigung ist die Veränderung der Axialsteifigkeit weniger stark ausgeprägt.

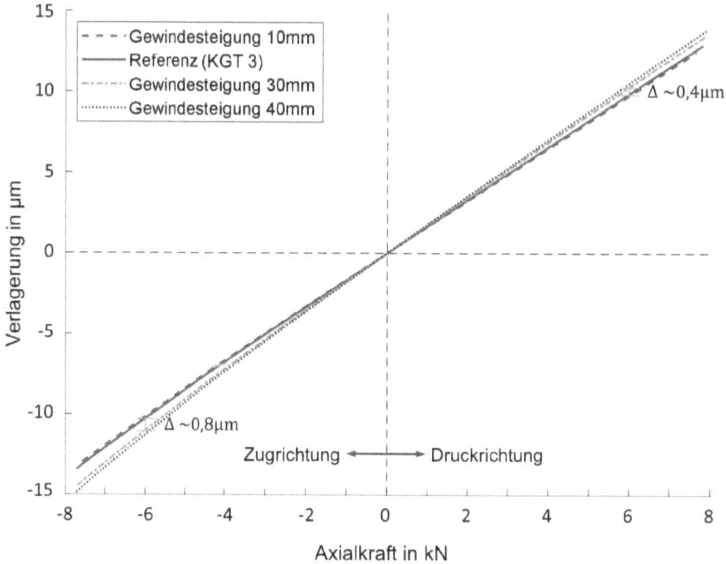

Bild 6.21: Kraft-Verlagerungskurven für unterschiedliche Gewindesteigungen

Force displacement curves with different leads

Allgemein erscheint der Unterschied zwischen den Kraft-Verlagerungskurven in Zugrichtung stärker ausgeprägt als in Druckrichtung. Für eine Zugkraft von 6 kN weist der Kugelgewindetrieb mit 30 mm Gewindesteigung im Vergleich zum Referenz-KGT eine um ca. 0,8 μm größere Verlagerung auf. Für eine Druckkraft von 6 kN beträgt die Differenz nur ca. 0,4 μm.

Die mit den unterschiedlichen Gewindesteigungen verbundenen Änderungen des Komponentenverhaltens können ebenfalls in der Wälzkörpercharakteristik beobachtet werden. Bild 6.22 zeigt exemplarisch die Lastverteilung und Normalkräfte im Kontaktpunkt der Kugel zu den Gewindelaufbahnen für die Gewindesteigungen 10 mm und 40 mm ohne Einwirkung einer externen Axialkraft. Die Kugelgewindetriebe sind ausschließlich durch die Vorspannung von 4 kN belastet. Auch wenn sich die Kurvenverläufe für beide Gewindesteigungen grundsätzlich stark ähneln, weichen sowohl die Lastverteilung der Axialkräfte als auch die Normalkräfte in den Wälzkontakten voneinander ab. Die Maximalbelastung kann für beide Kugelgewindetriebe für die letzte Kugel der Flanschmutter bzw. erste Kugel der Gegenmutter abgelesen werden. Für eine Gewindesteigung von 40 mm ist die Normalkraft dieses Wälzkontaktes um ca. 9 N größer als bei 10 mm Gewindesteigung. Mit zunehmender Distanzierung der Wälzkontakte vom Ort der Lasteinleitung durch die Vorspannung nimmt die Belastung der Wälzkontakte ab. Bei 40 mm Gewindesteigung ist die Abnahme deutlicher ausgeprägt. Die Differenz der Normalkraft der ersten und letzten Kugel der Flanschmutter beträgt bei 40 mm Gewindesteigung ca. 15,5 N, während für eine Gewindesteigung von 10 mm nur eine Abweichung von 4 N beobachtet wird.

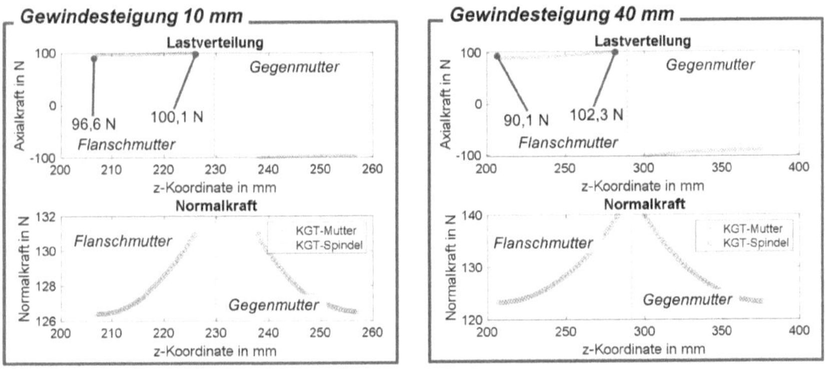

Bild 6.22: Einfluss der Gewindesteigung auf den Normalkraftverlauf

Influence of the lead on the normal load

Die vorgestellten Analysen zeigen, dass die Definition der Gewindesteigung eines Kugelgewindetriebs in Abhängigkeit der geforderten Applikation erfolgen sollte. Zur Realisierung einer hohen Axialsteifigkeit sowie homogeneren Lastverteilung trägt eine geringe Gewindesteigung bei. Diese resultiert in niedrigeren Normalkräften und Kontaktpressungen und schlussendlich in einer höheren Axialsteifigkeit. Dem gegenüber stehen eine geringere Dynamik und ggf. höhere Reibung. Zudem erfordert eine kleine Gewindesteigung durch den geringeren axialen Abstand zwischen den Umläufen ggf. einen kleineren Kugeldurchmesser und beeinträchtigt und limitiert somit die Konstruktion.

6.1.3 Analyse des Einflusses der Vorspannung auf das Betriebsverhalten von Kugelgewindetrieben

Analysis of the preload on the operational behavior of ball screws

Neben den in den vorausgegangenen Unterkapiteln beschriebenen geometrischen Konstruktionsgrößen ist das Betriebsverhalten von Kugelgewindetrieben ebenfalls durch nicht-geometrische Konstruktionsgrößen bestimmt. Insbesondere die Vorspannung sowie die extern eingeleiteten Kräfte und Momente beeinflussen das Betriebsverhalten signifikant. In den vorangegangen Abschnitten wurde bereits die ungleiche Lastverteilung innerhalb des Wälzbereiches diskutiert sowie die Einflussnahme der geometrischen Konstruktionsgrößen erläutert. Resümierend kann festgehalten werden, dass sich die Belastung im Wälzkontakt mit zunehmendem Abstand zum Ort der Lasteinleitung verringert und die Lastverteilung durch gezielte oder ungewollte Änderung der Geometrie verändert werden kann. Für vorgespannte Kugelgewindetriebe bedeutet dies eine ungleiche Belastung der Wälzkontakte bereits durch die Vorspannung. Dies trifft insbesondere für vorgespannte Kugelgewindetriebe in Doppelmutterbauweise sowie solche mit Steigungsversatz innerhalb einer KGT-Mutter zu.

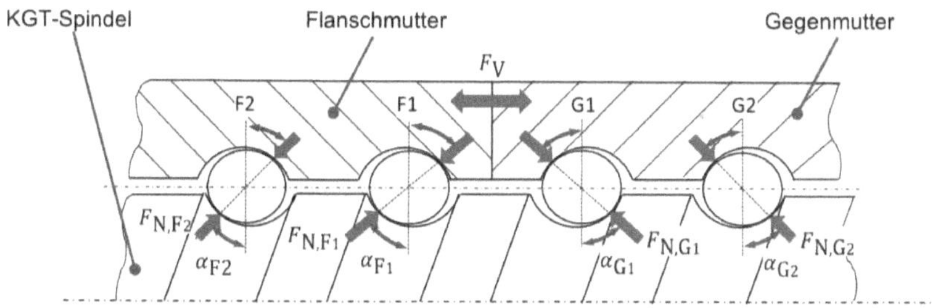

Bild 6.23: Schematische Darstellung der Normalkräfte aufgrund der Vorspannung

Schematic representation of the normal forces due to the preload force

Bild 6.23 zeigt schematisch die prinzipielle Ausprägung der Normalkräfte eines vorgespannten Kugelgewindetriebs in Doppelmutterbauweise (O-Vorspannung) ohne Belastung durch externe Kräfte. Zur Vereinfachung sind die aufgezeigten Normalkräfte um den Steigungswinkel in die Längsachse des Kugelgewindetriebs gedreht. Die Vorspannkraft F_V belastet die Flansch- und Gegenmutter in axialer Richtung. Die so eingeleitete Axialkraft wiederum belastet die Wälzkontakte durch die Normalkräfte $F_{N,i}$. In direkter Nähe zur Verbindungsstelle der Flansch- und Gegenmutter weisen die Wälzkontaktpunkte F1 und G1 aufgrund der ungleichen Lastverteilung durch die zuvor erläuterten geometrischen Zusammenhänge größere Belastungen auf als die weiter entfernten Kontaktpunkte F2 und G2. Somit sind die Kontaktwinkel α_{F1} und α_{G1} und Normalkräfte $F_{N,F1}$ und $F_{N,G1}$ größer als die der weiter vom Lasteinleitungsort entfernten Wälzkontakte. Die Vorspannung bedingt also eine ungleiche Initialbelastung innerhalb des Kugelgewindetriebs, welche dessen Betriebsverhalten beeinflusst und bei der

Definition eines für eine Anwendung geeigneten Kugelgewindetriebs Berücksichtigung finden muss.

Zur Verdeutlichung des Vorspannungseinflusses auf das Betriebsverhaltens von Kugelgewindetrieben zeigt Bild 6.24 die Überlagerung der rechnerisch ermittelten Kraft-Verlagerungskurven an Messposition 1 für unterschiedliche Vorspannungen. Die Geometrie der Kugelgewindetriebe entsprach der von KGT 2, welcher als Referenz aufgeführt ist. Die Vorspannungen wurden zwischen 0,5 kN und 9 kN variiert. Die Zuordnung der Kraft-Verlagerungskurven erfolgt anhand der Legende in Bild 6.24.

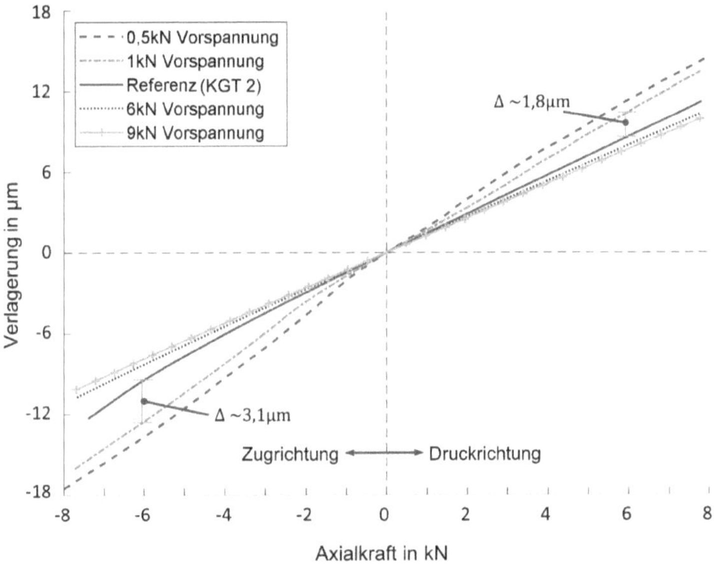

Bild 6.24: Einfluss der Größe der Vorspannung auf das Kraft-Verlagerungsverhalten

Influence of the size of the preload on the force-displacement behavior

Die Kraft-Verlagerungskurven zeigen eine Verringerung der durch die externe Axialkraft bedingten Verlagerung mit zunehmender Vorspannung. Wie in Kapitel 2.3.2 dargestellt, steigt die axiale Steifigkeit des Kugelgewindetriebs mit zunehmender Vorspannung. Des Weiteren ist zu beobachten, dass die Verlaufskurven mit zunehmender Vorspannung ein stärker ausgeprägtes lineares Verhalten aufweisen. Die Verlaufskurven bei einer geringen Vorspannung von 0,5 kN oder auch 1 kN zeigen ein erkennbar nicht lineares, s-förmiges Kurvenprofil, wie es bereits in Kapitel 5.1.3 beschrieben wurde. Dies kann in Zug- und Druckrichtung festgestellt werden, wobei die Ausprägung in Zugrichtung deutlicher ist. Für die geringen Vorspannungen (0,5 kN & 1 kN) zeigen beide Verlagerungskurven sehr ähnliche Verläufe, die Verlagerungen weichen jedoch merklich voneinander ab. Für eine Druckkraft von 6,5 kN beträgt die Differenz der Verlagerungen ca. 1 µm.

Im Gegensatz zu den Kugelgewindetrieben mit geringen Vorspanngen sind die Verlaufskurven der Kugelgewindetriebe mit sehr großen Vorspannungen (6 kN und 9 kN) nahezu vollständig linear in beiden Belastungsrichtungen. Zudem ist auffällig, dass eine Erhöhung der Vorspannung von 6 kN auf 9 kN nur noch eine geringe Reduzierung der Verlagerung und somit nur eine geringe Steigerung der Axialsteifigkeit zur Folge hat. Die Differenz der berechneten Verlagerungen beträgt für eine Druckkraft von 6,5 kN nur ca. 0,35 µm. Die mittels einer Vorspannungserhöhung erreichbare Steigerung der Axialsteifigkeit scheint demzufolge limitiert. Eine übermäßig große Vorspannung resultiert für die untersuchten Kugelgewindetriebe nicht in einer merklichen Steigerung der Axialsteifigkeit. Obwohl sich die Axialsteifigkeiten beider Vorspannungen nur geringfügig unterscheiden, weichen die in Bild 6.25 abgebildeten Normalkräfte in den Wälzkontakten für eine Druckkraft von 6,5 kN signifikant voneinander ab. Für einen mit 9 kN vorgespannten Kugelgewindetrieb lässt sich eine maximale Normalkraft von ca. 214 N ablesen. Dies übersteigt den mit 6 kN vorgespannten Kugelgewindetrieb um ca. 44 N. Neben der Höhe der Normalkräfte ist ebenfalls die Lastverteilung, insbesondere in der Flanschmutter, erwähnenswert. Im Gegensatz zum mit 6 kN vorgespannten Kugelgewindetrieb zeigt der mit 9 kN vorgespannte Kugelgewindetrieb keine fortwährende Verringerung der Normalkraft mit zunehmendem Abstand zum Ort der externen Axialkrafteinleitung. Die hohe Vorspannung, oberhalb der extern eingeleiteten Axialkraft, resultiert in nahezu identischen Normalkräften der lastzugewandten und Vorspannungszugewandten Wälzkörper. Für die Gegenmutter wiederum kann eine fortwährende Reduzierung der Normalkräfte mit zunehmendem Abstand zur Flanschmutter abgelesen werden.

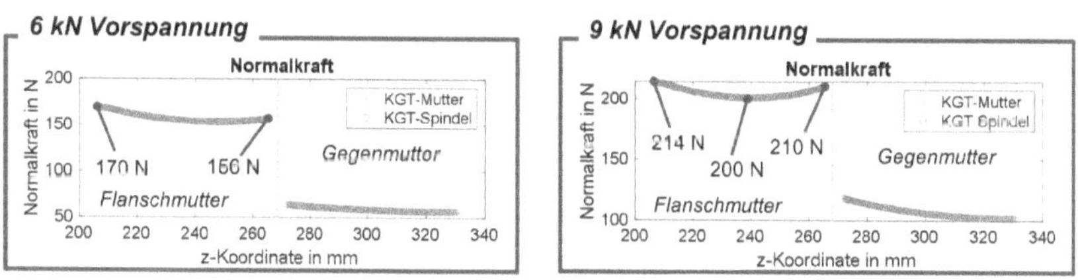

Bild 6.25: Normalkräfte im Wälzkontakt bei 6,5 kN Druckkraft für 6 kN und 9 kN Vorspannung
Normal forces at 6.5 kN axial load for with 6 kN and 9 kN preloaded ball screws

Die hohen Normalkräfte bei 9 kN Vorspannung beeinflussen zudem die Dynamik des Kugelgewindetriebs. U. a. STEINERT [STEI95] und BALY [BALY05] beschreiben eine Erhöhung der irreversiblen Verformungsarbeit und hydrodynamischen Rollreibung mit steigender Normalkraft in den Wälzkontakten. Auch wenn die benannten Arbeiten das Reibungsverhalten von Wälzlagern thematisieren, lässt sich die grundsätzliche Gültigkeit und Übertragbarkeit der erzielten Erkenntnisse auf Kugelgewindetriebe unterstellen. Der eher geringen Steigerung der Axialsteifigkeit durch die weitere Erhöhung der Vorspannung steht somit eine merkliche Zunahme der Reibung sowie ggf. des Komponentenverschleißes gegenüber. Eine sehr hohe Vorspannung kann somit das

Komponentenverhalten, insbesondere hinsichtlich Reibung und Verschleiß, negativ beeinflussen, ohne merklich positive Effekte hinsichtlich der Axialsteifigkeit zu generieren.

Neben der diskutierten Beeinflussung der Axialsteifigkeit verändert sich auch die generelle Form der Kraft-Verlagerungskurve in Abhängigkeit der Vorspannung. Die Verlaufskurve des Referenz-KGT zeigt das bereits in Kapitel 6.1.1 beobachtete Verhalten. In Druckrichtung ist die Verlaufskurve sehr linear, während sich in Zugrichtung die Kurvensteigung ab ca. 5 kN merklich ändert und infolgedessen die Verlagerung mit weiterer Steigerung der Zugkraft stärker zunimmt als zuvor. Begründen lässt sich das beobachtete Verhalten mit der Größe, aber auch der Art der Vorspannung

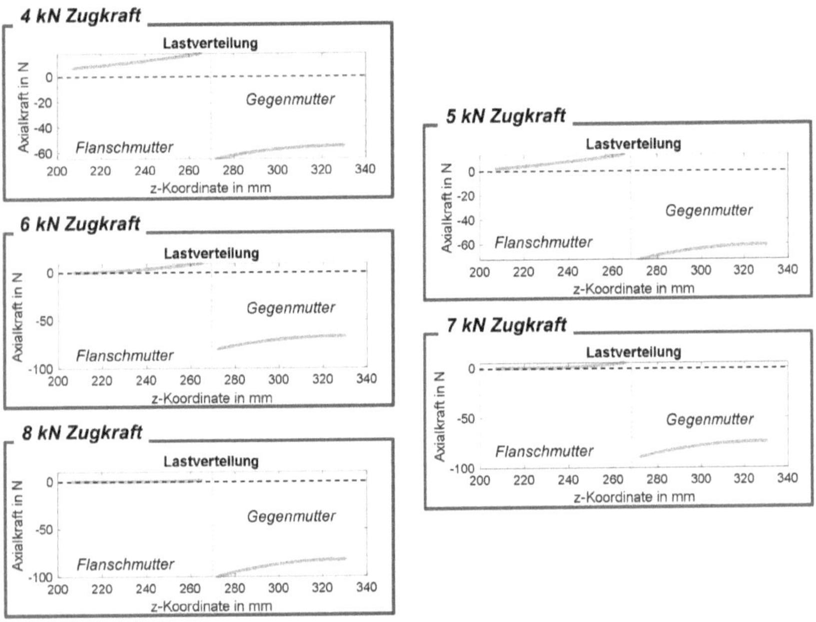

Bild 6.26: Lastverteilung im Wälzbereich bei zunehmenden externen Zugkräften

Load distribution with the load contact zone at growing external pull loads

. Zur Verdeutlichung zeigt Bild 6.26 die Lastverteilung der Axialkräfte auf die einzelnen Wälzkontakte für den mit 3 kN vorgespannten Referenz-KGT bei Zugkräften von 4 kN bis 8 kN. Aus den dargestellten Lastverteilungen im Wälzbereich ist zu erkennen, dass mit zunehmender Zugkraft eine zunehmende Entlastung der Flanschmutter einhergeht. Sind bei einer Zugkraft von 4 kN noch alle Kugeln in der Flanschmutter mit einer Axialkraft belastet, ist die Flanschmutter bei einer Zugkraft von 8 kN nahezu vollständig entlastet, lediglich die der Gegenmutter naheliegenden Kugeln der Flanschmutter weisen noch eine geringfügige Belastung auf. Gleichzeitig steigt die Belastung der Kugeln in der Gegenmutter mit steigender Zugkraft. Für 8 kN Zugkraft findet nahezu die gesamte Lastübertragung zwischen der Gegenmutter und KGT-Spindel statt, Flansch- und Gegenmutter sind folglich nicht mehr nennenswert gegeneinander verspannt.

In Druckrichtung ist dies erst bei höheren Kräften zu beobachten (siehe Bild 6.27). Für eine Druckkraft von 8 kN sind die Kugeln der Gegenmutter nahezu konstant mit einer kleinen Axialkraft belastet, erst bei einer Druckkraft von 10 kN ist die Gegenmutter vollständig entlastet und die gesamte Lastübertragung erfolgt zwischen KGT-Spindel und Flanschmutter. Ein Unterschied zwischen dem Verhalten in Druck- und Zugrichtung konnte bereits in Kapitel 5 anhand der kraftrichtungsabhängig abweichenden axialen Steifigkeiten sowohl experimentell als auch rechnerisch beobachtet werden, die Verlagerungen in Zugrichtung übersteigen die in Druckrichtung. In Abhängigkeit der Vorspannung besitzen die untersuchten Kugelgewindetrieben in Druckrichtung eine höhere Axialsteifigkeit als in Zugrichtung, dies gilt insbesondere für große externe Axialkräfte.

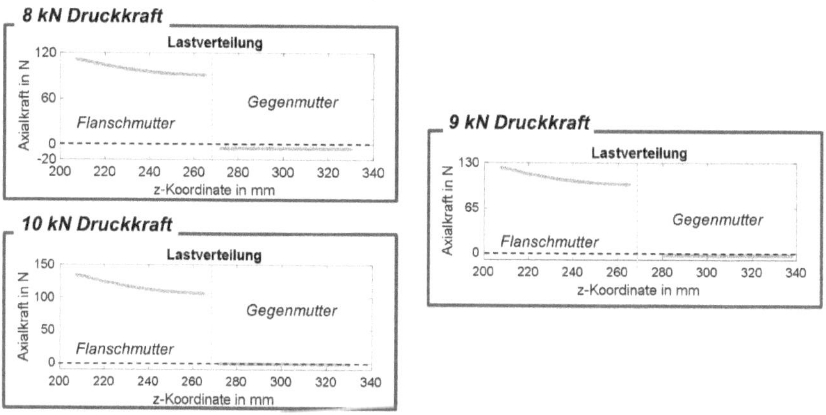

Bild 6.27: Lastverteilung im Wälzbereich bei zunehmenden externen Druckkräften

Load distribution with the load contact zone at growing external push loads

Resümierend lässt sich festhalten, dass die Vorspannung das Kraft-Verlagerungsverhalten von Kugelgewindetrieben signifikant beeinflusst. Eine hohe Vorspannung mündet für die untersuchte KGT-Geometrie in einer nahezu linearen Kraft-Verlagerungskurve, also einer nahezu konstanten Axialsteifigkeit, und ermöglicht eine präzise Voraussage der zu erwartenden Relativverlagerung zwischen KGT-Spindel und KGT-Mutter unter Einleitung externer Axialkräfte. Dies ist insbesondere für Präzisionsanwendungen unter hohen externen Axialkräften von Vorteil. Gleichwohl bedeutet eine hohe Vorspannung eine erhöhte Initialbelastung und -verformung sowie höhere initiale Kontaktpressungen in den Wälzkontakten. Die erhöhten Normalkräfte führen zu einer erhöhten Reibung sowie höheren Betriebstemperaturen des Kugelgewindetriebs bei identischem Betrieb, sodass der Kugelgewindetrieb weniger für hochdynamische Anwendungen mit andauernden Verfahrbewegungen geeignet ist. Bei übermäßig großen

Vorspannungen können die erläuterten Nachteile der erhöhten Wälzkontaktbelastungen den Vorteil der erhöhten Axialsteifigkeit übersteigen. Ebenso lässt sich festhalten, dass die in [DIN11d] vorgestellte Berechnungsvorschrift zur Bestimmung der maximal zulässigen externen Axialkraft für die analysierte Kugelgewindetriebgeometrie die maximal zulässige Axialkraft in Zugrichtung über- und in Druckrichtung unterschätzt.

6.2 Zwischenfazit

Interim conclusion

Das Kapitel behandelt den vierten Forschungsschwerpunkt bzw. die vierte Forschungsfrage und analysiert das Betriebsverhalten von Kugelgewindetrieben anhand der geometrischen Einflussgrößen sowie der Vorspannung. Des Weiteren wurden die Potenziale des Berechnungsmodells insbesondere in der Frühphase der Komponentengestaltung verdeutlicht.

Zu Beginn des Kapitels wurde der Einfluss der Wandstärke der KGT-Mutter auf das axiale Verlagerungsverhalten analysiert. Allgemein kann formuliert werden, dass sich die axiale Verlagerung mit zunehmender Wandstärke verringert, jedoch oberhalb eines Schwellenwertes keine merkliche Änderung mehr zu erwarten ist. Es wurde zudem beobachtet, dass eine entsprechende Verringerung der Wandstärke für die untersuchte Kugelgewindetriebgeometrie eine wesentliche Vergrößerung der axialen Verlagerung hervorruft. Eine Variation der Wandstärke, wie sie beispielsweise im Pressenbau umgesetzt wird, könnte somit als Instrument zur gezielten Einstellung der Lastverteilung innerhalb des Wälzbereiches verwendet werden.

Neben der Außengeometrie der KGT-Mutter wurde insbesondere die Kontaktgeometrie der Kugeln zu den Gewindelaufbahnen der KGT-Spindel und KGT-Mutter analysiert. Im Detail wurde der Einfluss der Konstruktionsparameter, insbesondere des Gewindegrunddurchmessers, der Schmiegung und der Gewindesteigung untersucht. Zudem wurde der Einfluss des Kontaktwinkels auf das Betriebsverhalten analysiert und die Wechselwirkungen der Geometrieparameter zueinander verdeutlicht. Es wurde aufgezeigt, dass auch geringe Änderungen der Kontaktgeometrie das Betriebsverhalten von Kugelgewindetrieben und insbesondere die Wälzkontaktcharakteristik signifikant verändern können. Aufgrund der Bauteilfertigung sind Abweichungen der tatsächlichen Ist- zur Sollgeometrie unvermeidbar. Basierend auf den vorgestellten Analysen ist es leicht nachvollziehbar, dass die in Kapitel 5 beobachteten Abweichungen zwischen den experimentell wie rechnerisch erhobenen Daten, neben den Modellungenauigkeiten, auch durch die unvermeidbaren Fertigungstoleranzen hervorgerufen wurden.

Hinsichtlich des Gewindegrunddurchmesser konnte gezeigt werden, dass mittels Veränderung der KGT-Spindel und / oder KGT-Mutter die Axialsteifigkeit von Kugelgewindetrieben variiert und justiert werden kann. Der Gewindegrunddurchmesser eignet sich somit, wie auch die Wandstärke der KGT-Mutter, zur gezielten Einstellung der Lastverteilung innerhalb des Wälzbereiches.

Des Weiteren wurde die Einflussnahme des Kontaktwinkels auf das Betriebsverhalten von Kugelgewindetrieben untersucht. Es wurde gezeigt, dass die axiale Steifigkeit der untersuchten Kugelgewindetriebe mit wachsendem Kontaktwinkel merklich ansteigt. Gleichzeitig reduziert sich die radiale Steifigkeit. Bei der Definition des Nennkontaktwinkels ist demzufolge das Anwendungsfeld des Kugelgewindetriebs zu berücksichtigen. Ausgehend von einem üblichen Kontaktwinkel von ca. 45° ist im Falle rein axialer Belastungen eine Vergrößerung sinnvoll, während mit zunehmender radialer Belastung eine Reduzierung des Kontaktwinkels durchgeführt werden kann. Ein vergrößerter Kontaktwinkel muss zudem so gewählt werden, dass kein Kantentragen der Kugeln auftritt.

Zudem wurde der Einfluss der Schmiegung thematisiert und erläutert. Die rechnerischen Analysen zeigen auf, dass eine enge Schmiegung, also eine geringe Differenz zwischen Kugel- und Gewindelaufbahnradius, in einer hohen Axialsteifigkeit resultiert. Dagegen sinkt die Axialsteifigkeit mit größerer Schmiegung. Auch für die Schmiegung konnte ein Schwellenwert beobachtet werden, nach dessen Überschreiten die Nachgiebigkeit nur noch geringfügig zunahm. Im Gegensatz zum Gewindegrunddurchmesser oder der Wandstärke der KGT-Mutter lässt sich die Schmiegung nicht zweckmäßig innerhalb der KGT-Mutter alternierend einstellen. Die Schmiegung ist demzufolge keine geeignete Größe zur partiellen Änderung des Betriebsverhaltens von Kugelgewindetrieben, sondern ausschließlich auf den gesamten Wälzbereich anzuwenden.

Neben der Schmiegung und dem Gewindegrunddurchmesser wurde die Einflussnahme der Gewindesteigung auf das Betriebsverhalten und im Speziellen das Kraft-Verlagerungsverhalten von Kugelgewindetrieben untersucht. Es wurde gezeigt, dass aus einer größeren Gewindesteigung eine verringerte Axialsteifigkeit folgt. Zudem konnte verdeutlicht werden, welchen Einfluss die Gewindesteigung auf die Wälzkontaktcharakteristik hat. Die größere Gewindesteigung verursacht eine größere Normalkraft der Wälzkontakte und schließlich höhere Kontaktpressungen und elastische Deformationen. Zur Schaffung einer möglichst hohen Axialsteifigkeit ist also eine kleine Gewindesteigung ratsam. Die damit möglicherweise einhergehende Limitierung der Dynamik ist jedoch zu berücksichtigen. Gleichwohl muss erwähnt werden, dass die Einflussnahme der Gewindesteigung auf das Kraft-Verlagerungsverhalten, verglichen mit der Schmiegung und dem Gewindegrunddurchmesser, geringer beobachtet wurde.

Abseits der Geometrie wurden die Einflussnahme einer externen Axialkraft sowie der der initialen Vorspannung analysiert. Insbesondere die vergleichende Betrachtung geometrisch identischer Kugelgewindetriebe mit unterschiedlicher Vorspannung zeigte eine signifikante Änderung des Kraft-Verlagerungsverhaltens sowie der Wälzcharakteristik. Eine übermäßige Erhöhung der Vorspannung resultierte in sehr hohen initialen Belastungen in den Wälzkontakten. Gleichwohl konnte keine merkliche Steigerung der Axialsteifigkeit beobachtet werden, sodass eine übermäßige Steigerung der Vorspannung eine Verschlechterung des Betriebsverhaltens hervorrufen kann.

7 Zusammenfassung und Ausblick

Summary and Outlook

Zusammenfassung

In ihrem klassischen Anwendungsgebiet, den Vorschubachsen von WZM, sind Kugelgewindetriebe mit gestiegenen Leistungsanforderungen zur Steigerung der Produktivität konfrontiert. Hierzu zählen u. a. wachsende Forderungen hinsichtlich Dynamik, Positionierbarkeit und Belastbarkeit. Durch die fortschreitende Digitalisierung im Rahmen von Industrie 4.0 sind zudem neue Anforderungen an die Komponente, insbesondere hinsichtlich deren Monitoring, gestellt. Zudem verändern sich auch die mechanischen Anforderungen durch die erweiterten Einsatzgebiete von Kugelgewindetrieben, hier sind beispielhaft die Lenkunterstützung in Kraftfahrzeugen, die Verwendungen in der Luftfahrt oder die stetig steigende Verwendung in Produktionsanlagen zu nennen, zunehmend.

In den vergangenen Jahren wurden zur Verbesserung der Leistung umfangreiche Gestaltungsänderungen, z. B. zur adaptiven Vorspannung, sowie Berechnungsmethoden entwickelt. In den letzten Jahrzehnten des vergangenen Jahrhunderts standen analytische Berechnungsmethoden zur Analyse der Phänomene im Wälzkontakt im Fokus, in den vergangenen Jahren gewann der Einsatz FEM-basierter Analysemethoden vermehrt an Bedeutung. Die Fokussierung auf eine Lösestrategie führte und führt zu Defiziten in der Analyse des Betriebsverhaltens von Kugelgewindetrieben. FEM-basierte Analysemethoden vereinfachen vielfach die im Kontakt der Kugeln mit den Gewindelaufbahnen der KGT-Spindel und KGT-Mutter auftretenden Phänomene und ermöglichen folglich keine Analyse des Wälzkontaktbereiches. Jedoch ermöglichen sie die Analyse des Verformungsverhaltens der KGT-Spindel und KGT-Mutter. Dagegen ist die detaillierte Analyse des Wälzkontaktes mit analytisch-numerischen Verfahren möglich, die Beschreibung des elastischen Deformationsverhaltens von KGT-Spindel und KGT-Mutter jedoch stark limitiert. Somit erlauben die Berechnungsmethoden oftmals keine ganzheitliche und detaillierte Analyse des Betriebsverhaltens von Kugelgewindetrieben, da insbesondere die Wechselwirkungen zwischen den in den Wälzkontakten auftretenden Phänomen und den Deformationen der KGT-Spindel und KGT-Mutter unberücksichtigt bleiben. Die vorliegende Arbeit versucht diese Lücke zu schließen und liefert einen Beitrag bei der Analyse und Beschreibung des Betriebsverhaltens von Kugelgewindetrieben unter der Einleitung externer Axialkräfte. Der Arbeit wurde nachfolgende Forschungshypothese zugrunde gelegt: *„Ein experimentell abgeglichenes Berechnungsmodell des Betriebsverhaltens von vorgespannten Kugelgewindetrieben unter externen Axialkräften ermöglicht eine detaillierte Analyse der beobachteten Effekte und schafft eine Grundlage zur verbesserten Gestaltung und Überwachung von Kugelgewindetrieben.“*

Der erste Teil der Arbeit thematisiert die Berechnungsmethode zur Analyse des Betriebsverhaltens unter der Einleitung externer Axialkräfte. Mittels einer Gleichgewichtsberechnung werden die an der Kugel angreifenden Kräfte iterativ in den Gleichgewichtszustand überführt, dabei werden je zwei rotatorische und translatorische Freiheitsgrade berücksichtigt. Zudem wird die Geometrie von KGT-Spindel und KGT-Mutter mittels eines vereinfachten FE-Balkenmodells modelliert. Durch die Kopplung der analytisch-numerischen Gleichgewichtsberechnung mit dem FE-Modell werden die Wechselwirkungen zwischen den Submodellen berücksichtigt und somit die Analyse des Betriebsverhaltens ermöglicht. Dabei sind die geometrischen Besonderheiten von Kugelgewindetrieben, hierzu zählt u a. die Anordnung der Kugeln im Wälzbereich, berücksichtigt. Zur detaillierten Berechnung wird die beschriebene Gleichgewichtsberechnung für jede Kugel einzeln durchgeführt. Jede Kugel ist eigenständig mit dem FE-Modell gekoppelt, um die Wechselwirkungen bestmöglich nachzubilden. Durch das beschriebene Vorgehen ist es ebenso möglich, die Belastung in jedem Kontakt der Kugeln mit den Gewindelaufbahnen der KGT-Spindel und KGT-Mutter wie auch das elastische Deformationsverhalten jedes FE-Balkenelements anhand von dessen Knotenverlagerung zu analysieren.

Der zweite Teil der Arbeit verfolgt das Ziel, das entwickelte Berechnungsmodell experimentell abzugleichen. Einführend wird die eingesetzte Prüfmethode vorgestellt und erläutert. Diese beinhaltet die Messung des Kraft-Verlagerungsverhaltens von Kugelgewindetrieben. Besonderheit ist die Erweiterung der Messung um eine zweite Messposition, wodurch eine Bewertung des elastischen Deformationsverhaltens der untersuchten Kugelgewindetriebe ermöglicht wird. Die Prüfmethode basiert auf der erprobten und normierten Messung der statischen axialen Steifigkeit. Die Reproduzierbarkeit der Messung wurde aufgezeigt. Anschließend wurden die experimentell wie mittels des Berechnungsmodells ermittelten Kraft-Verlagerungskurven von fünf Kugelgewindetrieben unterschiedlicher Geometrie und Vorspannung gegenübergestellt. Die Kugelgewindetriebe waren in Doppelmutterbauweise mit O-Vorspannung gefertigt. Zur bestmöglichen Vergleichbarkeit imitierte der Aufbau des Berechnungsmodells den experimentellen Versuchsaufbau. Für die untersuchten Kugelgewindetriebe wurde eine sehr hohe Überdeckung der rechnerisch wie experimentell ermittelten Kraft-Verlagerungskurven belegt. Sowohl die Kurvenverläufe als auch die Unterschiede zwischen den Messpositionen wurden durch das Berechnungsmodell abgebildet. Darauffolgend wurde die Analyse um einen nicht vorgespannten Kugelgewindetrieb erweitert. Die Betrachtung zeigte, dass das Berechnungsmodell die aufgrund der fehlenden Vorspannung auftretenden Besonderheiten sowie den Kurvenverlauf zutreffend nachbildet. Ebenfalls wurde eine mögliche Methodik zur Detektion der Deformationen der KGT-Mutter an deren Mantelfläche vorgestellt. Die Untersuchungsergebnisse zeigten jedoch keine eindeutigen Ergebnisse, wobei die grundsätzliche Möglichkeit der Identifizierung unterschiedlicher Deformationen an der Mantelfläche beobachtet wurde.

Der letzte Teil der Arbeit analysiert den Einfluss maßgebender Geometrieparameter sowie der Vorspannung auf das Betriebsverhalten von Kugelgewindetrieben unter der Verwendung des entwickelten Berechnungsmodells. Es wurde gezeigt, welchen

Einfluss die unterschiedlichen Parameter aufweisen und inwieweit Veränderungen und Manipulationen das Betriebsverhalten beeinflussen. Zudem wurden die aus den Änderungen resultierenden Auswirkungen auf die Phänomene im Wälzbereich sowie das Deformationsverhalten analysiert.

Das formulierte Forschungsziel „*Die wissensbasierte Beschreibung des Betriebsverhaltens unterschiedlicher Kugelgewindetriebe zur Anwendung in Vorschubachsen von Werkzeugmaschinen unter der Einwirkung interner wie externer Belastungen*“ wurde erreicht.

Ausblick

Das vorgestellte Berechnungsmodell ermöglicht die detaillierte Berechnung und Analyse des Betriebsverhaltens von Kugelgewindetrieben unter externen Axialkräften. Gleichwohl muss erwähnt werden, dass die Arbeit ausschließlich Kugelgewindetriebe gleichen Durchmessers berücksichtigt. Zur weiteren Absicherung der Erkenntnisse ist eine zukünftige Erweiterung der Untersuchungen auf Kugelgewindetriebe unterschiedlicher Durchmesser zu erbringen.

Die vorgestellte Analyse des elastischen Deformationsverhaltens des FE-Balkenmodells beruht auf den axialen Deformationen von KGT-Spindel und KGT-Mutter. Die radialen Deformationen unter Lasteinleitung werden, wie in Kapitel 4.1.2 vorgestellt, innerhalb der Gleichgewichtsbestimmung im analytisch-numerischen Wälzkontaktmodell berücksichtigt. Der resultierende Verlauf der Lastverteilung gibt die real auftretende Verteilung allerdings nicht uneingeschränkt wieder. In der Realität resultieren die Kugelanordnung und deren Belastung entlang der Längsachse des Kugelgewindetriebs in einem zusätzlichen Moment, welches eine zur gezeigten Darstellung geringfügig abweichende Lastverteilung zur Folge hat. Die der Last zugewandte erste Kugel ist nicht zwangsläufig mit der höchsten Last beaufschlagt. Hier gilt es, das Berechnungsmodell zu erweitern, um die reale Lastverteilung noch besser abzubilden.

Zudem vernachlässigt das Modell eine mögliche elastische Biegung der Gewindelaufbahnen, wie sie für Schrauben mit Bewegungsgewinde beispielsweise von JAQUET [JAQU31] beobachtet und analysiert wurde. Insbesondere bei der Betrachtung von Kugelgewindetrieben mit kleinem Nenndurchmesser, geringer Gewindesteigung und verhältnismäßig großen Kugeldurchmessern wäre ein Einfluss der Gewindebiegung denkbar. Für die in dieser Arbeit fokussierten Kugelgewindetriebe ist die Bedeutung der Gewindebiegung aufgrund der vergleichsweise großen Gewindesteigungen vernachlässigbar.

Die in dieser Arbeit aufgezeigten Analysemöglichkeiten erlauben grundsätzlich die Berücksichtigung von externen Radialkräften und Biegemomenten. Gleichwohl besteht ein signifikantes Defizit bei der Analyse des Betriebsverhaltens von Kugelgewindetrieben unter ebendiesen Belastungen. In WZM-Anwendungen sind Kugelgewindetriebe nahezu ausschließlich mit externen Kräften in axialer Richtung beaufschlagt. Dagegen sind Kugelgewindetriebe in anderen Einsatzgebieten zunehmend durch Biegemomente und externe Radialkräfte belastet. Eine Beschreibung des Betriebsverhaltens von Kugelgewindetrieben unter ebendiesen Lasten ist derzeit nicht erbracht, jedoch aufgrund der zunehmenden Einsatzgebiete und Anwendungsfälle von großem Interesse. Hierbei ist insbesondere eine detaillierte Analyse der Lasten auf jede Einzelkugel von Interesse, um Höchst- und mögliche Überlasten zu detektieren und nachteilige Auswirkungen zu verhindern oder frühzeitig zu erkennen. Die Herausforderungen bei der Analyse sind vielfältig. Einerseits ist im Falle der Einleitung eines Biegemoments aufgrund der translatorisch veränderten Relativposition der KGT-Spindel zur KGT-Mutter mit einem sich fortwährend verändernden Belastungszustand zu rechnen. Zudem weisen die so belasteten Systeme oftmals einen zur Anwendung in Werkzeugmaschinen abweichenden Lagerungszustand auf, welcher bei der Analyse Berücksichtigung finden muss.

Des Weiteren stellt die Analyse der Reibung von Kugelgewindetrieben eine Schwachstelle im Stand des Wissens dar. Im Segment der Wälzlagertechnik wurden in den vergangenen Jahren, u. a. durch die Arbeiten von STEINERT [STEI95] oder BALY [BALY05], signifikante Erkenntnisse hinzugewonnen und Methoden entwickelt. Die in dieser Arbeit vorgestellte detaillierte Analyse der Mechanik im Wälzkontakt ermöglicht die Erweiterung der für Wälzlager entwickelten Methoden auf Kugelgewindetriebe. Aufgrund des abweichenden geometrischen Aufbaus sind die auftretenden Reibungsphänomene in Kugelgewindetrieben jedoch vielfältig und nicht uneingeschränkt mit denen in Wälzlagern zu vergleichen. Insbesondere die Reibung im Kugel-zu-Kugel-Kontakt sowie die Reibung innerhalb des Kugelrückführsystems stellen wesentliche Herausforderungen bei der Reibungsanalyse dar. Ein möglicher Transfer der aus den aktuellen Forschungsschwerpunkten im Wälzlagersegment, wie z. B. der Analyse der Reibung in heterogenen Temperaturfeldern, resultierenden Erkenntnisse ist ebenfalls zu untersuchen.

Neben der Verfeinerung und Erweiterung des Berechnungsmodells bieten insbesondere die mit dem Modell einhergehenden Analysemöglichkeiten das Potenzial für zukünftige Entwicklungen. Aufbauend auf den rechnerischen Ergebnissen ist die Erweiterung des existierenden Lebensdauermodells für Kugelgewindetriebe vorstellbar. Des Weiteren wurde eine Basis zur Erfüllung der im Rahmen von Industrie 4.0 gestellten Forderungen, wie der Schaffung eines digitalen Zwillings oder Schattens oder die Anforderungen des Predictive Maintenance, geschaffen.

Summary and Outlook

Zusammenfassung und Ausblick

Summary

In their classic field of application, the feed axes of machine tools, ball screws are confronted with increased performance requirements to increase productivity. These include amongst others growing demands in terms of dynamics, positionability and resilience. The advancing digitization in the context of Industry 4.0 also places new requirements on the components, especially with regard to their monitoring. In addition, the mechanical requirements are also changing due to the expanded fields of application of ball screws, for example steering assistance in vehicles, uses in aviation or the steadily increasing use in production systems.

In recent years, extensive design changes have been made to improve performance, e.g. for adaptive bias, as well as calculation methods developed. In the last decades of the last century, the focus was on analytical calculation methods for analyzing the phenomena in rolling contact, in recent years the use of FEM-based analysis methods has become increasingly important. The focus on a solution strategy led and leads to deficits in the analysis of the operating behavior of ball screws. FEM-based analysis methods simplify the phenomena that occur when the balls come into contact with the threaded raceways of the ball screw spindle and ball screw nut and consequently do not allow any analysis of the rolling contact area. However, they enable the deformation behavior of the KGT spindle and KGT nut to be analyzed. On the other hand, a detailed analysis of the rolling contact is possible using analytical-numerical methods, but the description of the elastic deformation behavior of the ball screw spindle and ball screw nut is limited. Thus, the calculation methods provided do not allow a holistic and detailed analysis of the operating behavior of ball screws, since the interactions between the phenomena occurring in the rolling contacts and the deformations of the ball screw spindle and ball screw nut are not taken into account. The present work tries to close this gap and provides a contribution to the analysis and description of the operating behavior of ball screws under the introduction of external axial forces. The thesis was based on the following research hypothesis: "An experimentally balanced calculation model of the operating behavior of preloaded ball screws under external axial forces enables a detailed analysis of the observed effects and creates a basis for improved design and monitoring of ball screws."

The first part of this thesis deals with the calculation method for analyzing the operating behavior under the introduction of external axial forces. By means of an equilibrium calculation, the forces acting on the ball are iteratively transferred to the equilibrium state, taking into account two rotational and translational degrees of freedom. In addition, the geometry of the ball screw spindle and ball screw nut is modeled using a simplified FE beam model. The coupling of the analytical-numerical equilibrium calculation with the FE model enables the analysis of the operating behavior of the ball screw drive. The geometric peculiarities of ball screws, in particular the arrangement of the balls in the rolling contact area, are taken into account. For a detailed calculation, the described equilibrium calculation is carried out for each roller individually. Each roller is independently coupled to the FE model in order to take the interactions into account. Using the procedure described, it is also possible to examine the load in every contact between the rollers and the threaded raceways of the ball screw spindle and ball screw nut, for example to evaluate the load distribution as well as the elastic deformation behavior of each.

The second part of the thesis aims to experimentally verify the calculation model that has been developed. The test method used is introduced and explained. This includes the measurement of the force-displacement behavior of ball screws. A special feature is the expansion of the measurement to include a second measurement position, which enables an assessment of the elastic deformation behavior of the ball screw drives examined. The test method is based on the tested and standardized measurement of the static axial stiffness. The reproducibility of the measurement was demonstrated. Then the force-displacement curves of five ball screws of different geometry and preload, determined experimentally as well as using the calculation model, were compared. The ball screws were manufactured in double nut design with O-preload. For the best possible comparability, the setup of the calculation model imitated the experimental test setup. A very high overlap of the computationally and experimentally determined force-displacement curves has been proven for the ball screws examined. Both the curve progressions and the differences between the measurement positions were mapped by the calculation model. The comparative analysis was also carried out for a non-preloaded ball screw drive. The observation showed that the calculation model accurately reproduces the special features that occur due to the lack of preload and the curve shape. A possible method for detecting the deformations of the ball screw nut on its outer surface was also presented. The test results only partially showed results that could be easily interpreted, whereby the fundamental possibility of identifying different deformations on the lateral surface was observed.

The last part of the thesis analyzes the influence of decisive geometric parameters and other variable values on the operating behavior of ball screws using the developed calculation model. It was shown what influence the different parameters have and to what extent changes and manipulations influence the operating behavior. In addition, the effects resulting from the changes on the phenomena in the rolling contact zone and the deformation behavior were analyzed. The formulated research goal "The knowledge-based description of the operating behavior of different ball screws for use in feed axes of machine tools under the influence of internal and external loads" was achieved.

Outlook

The presented calculation model enables the detailed calculation and analysis of the operating behavior of ball screws under external axial forces. However, it must be mentioned that the thesis only takes into account ball screws of the same diameter. To further validate the findings, a future extension of the investigations to ball screw drives of different diameters is necessary.

The presented analysis of the elastic deformation behavior of the FE beam model is based on the axial deformations of the ball screw spindle and ball screw nut. As presented in Section 4.1.2, the radial deformations under load application are taken into account within the equilibrium determination in the analytical-numerical rolling contact model. The course of the load distribution resulting from this does not fully reflect the distribution that actually occurs. In reality, the ball arrangement and its loading along the longitudinal axis of the ball screw drive result in an additional moment, which results in a load distribution that differs slightly from the illustration shown. The first ball facing the load is consequently not subjected to the highest load. The aim here is to expand the calculation model in order to better map the real load distribution.

In addition, the model neglects a possible elastic bending of the thread raceways, as observed and analyzed for screws with movement threads, for example by JAQUET [JAQU31]. In particular when considering ball screws with a small nominal diameter, low thread pitch and large ball diameters, an influence of thread bending would be conceivable. For the ball screws focused on in this thesis, the importance of thread bending is negligible due to the large slopes.

Despite the analysis possibilities shown in this thesis, there is a significant deficit in the analysis of the operating behavior of ball screws under external radial forces and bending moments. In machine tool applications, ball screws are almost exclusively subjected to external forces in the axial direction. On the other hand, in other areas of application, ball screws are increasingly subject to bending moments and external radial forces. A description of the operating behavior of ball screws under these same loads has not yet been provided, although it is of great interest due to the increasing areas of application and applications. A detailed analysis of the loads on each individual ball is of particular interest here in order to detect maximum loads and possible overloads and to prevent or identify adverse effects at an early stage. The challenges in analysis are diverse. On the one hand, if a bending moment is introduced, a continuously changing load condition must be expected due to the translationally changed relative position of the ball screw spindle to the ball screw nut. In addition, the systems loaded in this way often have a bearing condition that differs from that used in machine tools, which must be taken into account in the analysis.

Furthermore, the analysis of the friction of ball screws represents a weak point in the current state of knowledge. In the segment of rolling bearing technology, in recent years, among other things, through the work of STEINERT [STEI95] or BALY [BALY05], significant knowledge gained and methods developed. The detailed analysis of the mechanics in rolling contact presented in this thesis enables the expansion of the methods developed for rolling bearings to include ball screws. Due to the different geometric structure, the friction phenomena that occur in ball screws are diverse and cannot be compared with those in roller bearings without restriction. In particular, the friction in ball-to-ball contact and the friction within the ball return system pose major challenges in the friction analysis. A possible transfer of the current research focus in the rolling bearing segment, such as the analysis of friction in heterogeneous temperature fields, the resulting findings must also be examined.

In addition to the refinement and expansion of the calculation model, the analysis options associated with the model offer the potential for future developments. Based on the calculated results, the extension of the existing service life model for ball screws is conceivable. Furthermore, a basis has been created to meet the requirements of Industry 4.0, such as the creation of a digital twin or shadow or the requirements of predictive maintenance.

Literaturverzeichnis

References

[AMAN19] A.Mannesmann Maschinenfabrik Remscheid: Kugelgewindetriebe mit angetriebener Mutter. Remscheid, 2019. Firmenschrift

[BALY05] Baly, H.: Reibung fettgeschmierter Wälzlager. Diss. Universität Hannover, 2005

[BÖGE66] Bögelsack, G.: Beiträge zur Berechnung und Konstruktion von Schraubgelenken mit Rollreibung. Dissertation. TU Illmenau, 1966

[BRÄN95] Brändlein, J.: Die Wälzlagerpraxis. 3. Aufl. Mainz: Vereinigte Fachverlage, 1995

[BREC02] Brecher, C.: Vergleichende Analyse von Vorschubantrieben für Werkzeugmaschinen. Dissertation. RWTH Aachen, 2002

[BREC17a] Brecher, C.; Weck, M.: Konstruktion, Berechnung und messtechnische Beurteilung. (Reihe: Werkzeugmaschinen Fertigungssysteme. Bd. 2). 9. Aufl. Berlin: Springer, 20174

[BREC17b] Brecher, C.; Broos, A.; Butz, F.; Epple, A.; Fey, M.; Kaever, M.; Köhler, W.; Königs, M.; Lange, M.; Neus, S.; Queins, M.; Runde, S.; Weingold, M.; Wellmann, F.; Wille, H.; Zapf, B.: Nutzen und Potenziale modellbasierter Datenanalyse. In C. Brecher; F. Klocke; R. Schmitt; G. Schuh (Hrsg.): Internet of Production für agile Unternehmen. Aachen: Apprimus Verlag, 2017. S. 163-195

[BREC18a] Brecher, C.; Eßer, B.; Falker, J.; Kneer, F.; Fey, M.: Modelling of ball screw drives rolling element contact characteristics. In: CIRP Annals – Manufacturing Technology. 67. Jg., 2018, Nr. 1. S. 409-412

[BREC18b] Brecher, C.; Falker, J.; Fey, M.: Non-linearly coupled modelling of spindle bearing systems. In: Proceedings of the Bearing World Conference 2018. Kaiserslautern, 6.-7. März 2018. Forschungsvereinigung Antriebstechnik (Veranst.). S. 61-64

[BREC18c] Brecher, C.; Eßer, B.; Fey, M.: Potentiale zur Steigerung der Maschinenverfügbarkeit durch schnellrechnende Komponentenmodelle am Beispiel Kugelgewindetrieb (KGT). In: Industrie 4.0 – Wertschöpfungspotentiale in der dienstbasierten Produktion. 1. Auflage. Düsseldorf: VDI-Verlag, 2018. S. 23-34

[BREC19] Brecher, C.; Kneer, F.; Falker, J.; Eßer, B.; Fey, M.: Modellierung des Betriebsverhaltens von Kugelgewindetrieben. In: 18. Antriebstechnisches Kolloquium: ATZ 2019. S. 397-409

[BREW77] Brewe, D. E.; Hamrock, B. J.: Simplified Solution for Elliptical-Contact Deformation Between Two Elastic Solids. In: Journal of Lubrication Technology. 99. Jg., 1977, Nr. 4. S. 485

[CZIC03] Czichos, H.; Habig, K. H.: Tribologie Handbuch. Reibung und Verschleiß. 2.Auflage. Vieweg, 2003

[DAMB05] Dambacher, U.: Kugelgewindetriebe mit hohem Druckwinkel. Dissertation. Universität Karlsruhe, 2005

[DIN02] Norm DIN 69051 Teil 5 (November 2002). Kugelgewindetriebe – Anschlussmaße für Kugelgewindemuttern

[DIN09] Norm DIN 76 (Januar 2009). Wälzlager – Statische Tragzahlen

[DIN10] Norm DIN 26281 (Oktober 2010). Wälzlager – Dynamische Tragzahlen und nominelle Lebensdauer-Berechnung der modifizierten nominellen Referenz-Lebensdauer für Wälzlager (ISO/TS 16281:2008 + Cor. 1:2009)

[DIN11a] Norm DIN ISO 3408-1 (April 2011). Kugelgewindtriebe – Teil 1: Begriffe und Bezeichnungssystem

[DIN11b] Norm DIN ISO 3408-3 (April 2011). Kugelgewindtriebe – Teil 3: Abnahmebedingungen und Abnahmeprüfungen

[DIN11c] Norm DIN ISO 3408-4 (April 2011). Kugelgewindtriebe – Teil 4: Statische axiale Steifigkeit

[DIN11d] Norm DIN ISO 3408-5 (April 2011). Kugelgewindtriebe – Teil 5: Statische und dynamische axiale Tragzahl und Lebensdauer

[FALK19] Falker, J.: Analyse des Betriebsverhaltens von Hochgeschwindigkeits-Wälzlagern unter radialen Lasten. Dissertation. RWTH Aachen, 2019

[FORS10] Forstmann, J.: Kugelgewindetriebe im Einsatz an Kunststoffspritzgussmaschinen – Lebensdauerprognose und Optimierung. Dissertation. Universität Duisburg-Essen, 2010

[FREY10] Frey, S.; Walther, M.; Verl, A.: Periodic variation of preloading in ball screws. In: Production Engineering 4, S. 261-267. 2010

[GFT02] Gesellschaft für Tribologie e.V.: Tribologie – Verschleiß, Reibung: Definition, Begriffe, Prüfung. 2002

[GOHA01] Gohar, R.: Elastohydrodynamics. 2. Aufl. London: Imperial College Press, 2001

[GOLZ90] Golz, H.: Analyse, Modellbildung und Optimierung des Betriebsverhaltens von Kugelgewindetrieben. Dissertation. Universität Karlsruhe, 1990

[HABE98] Haberkern, A.: Leistungsfähigere Kugelgewindetriebe durch Beschichtung. Dissertation. Universität Karlsruhe. 1998

[HARR07] Harris, T. A.; Kotzalas, M. N.: Essential Concepts of Bearing Technology. (Reihe: Rolling bearing analysis. Bd. 1). 5. Aufl. Boca Raton: CRC Press, 2007

[HARR13] Harrer, M.; Pfeiffer, P.: Lenkungshandbuch – Lenksysteme, Lenkgefühl, Fahrdynamik von Kraftfahrzeugen. Springer Vieweg, Berlin. 2013

[HBM16a] HBM GmbH: Dehnungsmessstreifen – Vollendete Präzision von HBM. 2016. Firmenschrift

[HBM16b] HBM GmbH: KY: DMS-Ketten für die Ermittlung von Dehnungsverläufen. 2016. Firmenschrift

[HENN13] Hennrich, H.: Aufbau eines kombinierten belastungs- und zustandsorientierten Diagnose- und Prognosesystems für Kugelgewwindetriebe. Dissertation. Universität Karlsruhe, 2013

[HERD13] Herder, S.: Piezoelektrischer Self-Sensing-Aktor zur Vorspannungsregelung in adaptronischen Kugelgewindetrieben. Dissertation. Universität Karlsruhe. 2013

[HERT81] Hertz, H.: Über die Berührung fester elastischer Körper. In: Journal für die reine und angewandte Mathematik (92), S. 156-171. 1881

[HILD87] Hildebrandt, H. J.: Vorspannarten an Kugelgewindemuttern. In: Antriebstechnik 26, Nr. 10, S. 132-134. 1987

[HILM78] Hilmer, H.: Rechnergestützte Auslegung und Berechnung von Kugelgewindespindeln. Dissertation. Technische Universität Hannover, 1978

[HOYE13] Hoyer, H. G.; Drescher, U.: Reibung und ihr Einfluss auf Funktion und Lebensdauer von Kugelgewindetrieben. In: Konstruktionspraxis Vogel. 2013

[JABL08] Jablonski, T.; Schumann, H.; Buss, C.; Haussmann, H.; Hallmann, U.; Dreyer, D.; Schöttler, F.: Die neue elektromechanische Lenkung APA-BS. In: ATZelektronik 3, S.30-35. 2008

[JARO08] Jarosch, P.: Zur Lebensdauerprognose zyklisch hoch belasteter Kugelgewindetriebe. Dissertation. Universität Diusburg-Esser,2008

[JAQU31] Jaquet, E.: Über eine neuartige Schraubenverbindung. In: Ingenieur-Archiv, 2. Band, S.569 - 590. 1931

[JOHN18] Johnson, J.: Aufgedeckt – Taumelfehler bei Kugelgewindetriebenin Miniaturanwendungen finden. In: Antriebstechnik 10, S.26-28. 2018

[LINF03] Lin, F.; Wie, C. C.: Kinematic Analysis of Ball Screw Mechanism Considering Variable ContactAngles and Elastic Deformations. In: ASME Journal of Mechanical Design 125, S.717-733. 2003

[LINM94] Lin, M. C.; Ravani, B.; Velinsky, S. A.: Kinematic of Ball Screw Mechanism. In: ASME Journal of Mechanical Design 116, S.849-855. 1994

[LUND52] Lundberg, G.; Palmgreen, A.: Dynamic Capacity of Roller Bearings. Acta Polytechnica 96. Mechanical Engineering Series (2) 4. 1952

[MERK16] Merkelbach, S.; Murrenhoff, H.; Brecher, C.; Fey, M.; Eßer, B.: Pneumatic or electromechanical drives – a comparison regarding their exergy efficiency. Dresden. 2016

[MERK17] Merkelbach, S.; Murrenhoff, H.; Brecher, C.; Fey, M.; Eßer, B.: Pneumatische oder elektromechanische Linearantriebe – Ein Vergleich der TCO. In: O+P (9), S. 42-49. 2017

[MESH15] Meshparts GmbH: Einfach Dimensioniert – Finite-Elemente-Analyse unterstützt die Auslegung dynamisch hochbelasteter Kugelgewindetriebe. In: Der Konstrukteur 3, S.50. 2015

[MESY18] MESYS AG: MESYS Wellenberechnung. Zürich, 2018. Firmenschrift

[MÜNZ17] Münzig, T.: Auslegung von Kugelgewindetrieben bei oszillierenden Bewegungen und dynamischer Belastung. Dissertation. Universität Stuttgart. 2017

[OERT07] Oertli, T.: Strukturmechanische Berechnung und Regelungssimulation von Werkzeugmaschinen mit elektrischen Vorschubantrieben. Diss.. Technische Universität München, 2007

[OKWU05] Okwudire C.: Finite Elemente modeling of ball screws feed drives systems for control purposes. Masterthesis. University of British Columbia. 2005

[ROSS14] Rossaint, J.: Steigerung der Leistungsfähigkeit von Spindellagern durch optimierte Lagergeometrien. Diss. RWTH Aachen, 2014

[SCHA16] Schaeffler Technologies GmbH & Co. KG: Technisches Taschenbuch. Herzogenaurach, 2016. Firmenschrift

[SOMM14] Sommer, K.; Heinz, R.; Schöfer, J.: Verschleißschäden metallischer Werkstoffe. 2. Aufl. Springer Vieweg. 2014

[SPAC08] Spachtholz, G.: Erweiterung des Leistungsbereichs von Spindellagern. Diss. RWTH Aachen, 2008

[SPIE70] Spieß, D.: Das Steifigkeits- und Reibungsverhalten unterschiedlich gestalteter Kugelschraubgetriebe mit vorgespannten und nicht vorgespannten Mutersystemen. Dissertation. Technische Universität Berlin. 1970

[STEI05] August Steinmeyer GmbH & Co. KG: Antriebstechnik – Kugelgewindetriebe: interne Umlenkung, Gesamtumlenkung, Nenndurchmesser 16-100 mm. Firmenschrift. 2005

[STEI07] Steinke, P.: Finite-Elemente-Methode – Rechnergestützte Einführung. 2. Aufl. Berlin, Heidelberg: Springer, 2007

[STEI19a] August Steinmeyer GmbH & Co KG: Die Steigungsschwankungen über eine Umdrehung (Taumelfehler). Firmenschrift. 2019.

[STEI19b] August Steinmeyer GmbH & Co KG: Kugelgewindetriebe für Luft- und Raumfahrt. Firmenschrift. 2019.

[STEI95] Steinert, T.: Das Reibmoment von Kugellagern mit bordgeführtem Käfig. Diss. RWTH Aachen, 1995

[THK10] THK Co.,LTD: Kugelgewindetriebe mit Caged Ball Technology für extrem hohe Belastungen. Firmenschrift. 2010.

[TÜLL99] Tüllmann, U.: Das Verhalten axial verspannter, schnelldrehender Schrägkugellager. Diss. RWTH Aachen, 1999

[VERL14] Verl, A.; Frey, S.; Heinze, T.: Double nut ball screw with improved operating characteristics. In: CIRP Annals - Manufacturing Technology. 63. Jg., 2014. S. 361-364

[WECK03] Weck, M.; Brecher, C.; Schulz, A.; Keiser, R.: Stabilitätsanalyse bei der HSC-Bearbeitung. In: wt Werkstatttechnik online. 93. Jg., 2003, Nr. 1. S. 63-68

[WIEC11] Wie, C. C.; Lai, R. S.: Kinematical analysis and transmission efficiency of a preload ball screw operation at high rotational speeds. In: Mechanism ans Machine Theory 46, S. 880-898. 2011

[WITT11] Wittel, H.; Muhs, D.; Jannasch, D.; Voßiek, J.: Maschinenelemente – Normung, Berechnung, Gestaltung. Wiesbaden: Vieweg+Teubner, 2011

[YAGM14] Yagmur, T.: Analyse, Verbesserung und Beschreibung des Verschleißverhaltens von Kugelgewindetrieben für Werkzeugmaschinen Diss. RWTH Aachen, 2014

Anhang

Appendix

Berechnung des Kugelmittenkreisdurchmessers

Bild A.1 zeigt exemplarisch die Überschneidung der als gotischer Spitzbogen ausgeführten Gewindelaufbahnen einer KGT-Spindel.

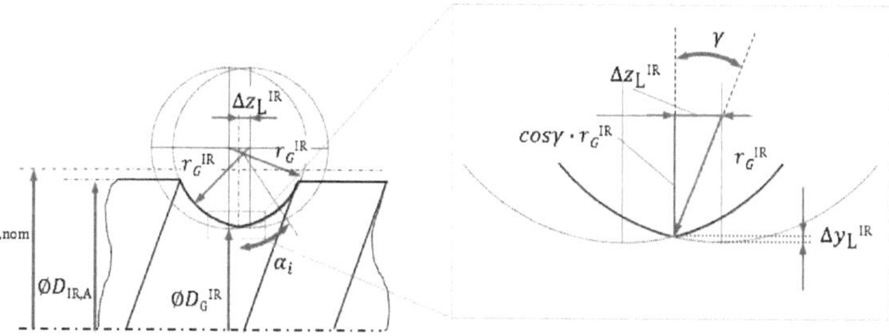

Bild A.1: Kugelmittenkreisdurchmesser im gotischen Spitzbogenprofil
Ball screw pitch circle diameter in arc gothic thread profile

Zur Berechnung des nominellen Kugelmittenkreisdurchmessers sind messtechnisch die Radien der Gewindelaufbahnen von KGT-Spindel oder KGT-Mutter zu ermitteln. Die Verschiebung Δz_L^i (für die KGT-Spindel Δz^{IR} analog Bild A.1) der beiden Mittelpunkte der Gewindelaufbahnen der KGT-Spindel und KGT-Mutter zueinander lässt sich aus der Messung der Gewindelaufbahnradien bestimmen. Hieraus wird die Verschiebung des tiefsten messbaren Gewindepunktes zum theoretischen Gewindegrunddurchmesser (bezeichnet mit Δy^i) nach Gl. (A.1) berechnet.

$$\Delta y_{\mathrm{L}}^{\mathrm{i}} = r_{\mathrm{G}}^{\mathrm{i}} \cdot (1 - \cos(\gamma)) \text{ mit } \gamma = \arcsin\left(\frac{\Delta z_{\mathrm{L}}^{\mathrm{i}}}{r_{\mathrm{G}}^{\mathrm{i}}}\right) \tag{A.1}$$

Die Gewindegrunddurchmesser von KGT-Spindel und KGT-Mutter berechnen sich dann aus dem Ergebnis von Gl. (A.1) sowie dem messtechnisch detektierten, tiefsten Gewindepunkt von KGT-Spindel oder KGT-Mutter, wie in Gl. (A.2) und Gl. (A.3) gezeigt.

$$D_{\mathrm{G}}^{\mathrm{IR}} = D_{\mathrm{M}}^{\mathrm{IR}} - \Delta y^{\mathrm{IR}} \tag{A.2}$$

$$D_{\mathrm{G}}^{\mathrm{OR}} = D_{\mathrm{M}}^{\mathrm{OR}} + \Delta y^{\mathrm{OR}} \tag{A.3}$$

Balkensteifigkeitsmatrix des Timoshenko Balkens

Für die eingesetzten Timoshenko Balkenelemente berechnet sich diese aus der Überlagerung der Biege- sowie der Schubsteifigkeitsmatrix. Die Biegesteifigkeitsmatrix K_{b} für ein Balkenelement nach Timoshenko ist in Gl. (A.4) gezeigt [STEI07].

$$K_{\mathrm{b}} = \frac{E \cdot I}{l} \begin{bmatrix} 0 & 0 & 0 & 0 \\ 0 & 1 & 0 & -1 \\ 0 & 0 & 0 & 0 \\ 0 & -1 & 0 & 1 \end{bmatrix} \tag{A.4}$$

Wie aus der Gleichung ersichtlich ist, müssen Elastizitätsmodul E und Flächenträgheitsmoment I zweiten Grades für jeden Balken bekannt und konstant sein, zudem muss jedem Balken eine Länge l zugewiesen sein.

Die Definition der Schubsteifigkeitsmatrix $K_{\mathrm{b,s}}$ eines Balkenelements erfolgt unter der Annahme einer konstanten Fläche A_b des Balkens sowie des bekannten Schubmoduls G. Zusätzlich ist der Schubfaktor κ zu berechnen. Der Schubfaktor ist abhängig von der Geometrie des Balkenelements. Eine mathematische Beschreibung für rechteckige Balkenelemente ist in Gl. (A.5) und Gl. (A.6) vorgestellt [STEI07]

$$\kappa = \frac{A}{F^2} \int_{A_b} \tau^2 dA \qquad \text{mit} \tag{A.5}$$

$$\tau = \frac{3F}{2A} \left[1 - \left(\frac{2y}{h} \right)^2 \right] \tag{A.6}$$

Die Schubsteifigkeitsmatrix eines Balkenelements ($K_{\mathrm{b,S}}$) nach Timoshenko ist durch Gl. (A.7) [STEI07] beschrieben.

$$[K_{\mathrm{b,S}}] = \frac{G \cdot A_b}{4 \cdot \kappa \cdot l} \begin{bmatrix} 4 & 2l & -4 & 2l \\ 2l & l^2 & -2l & l^2 \\ -4 & -2l & 4 & -2l \\ 2l & l^2 & -2l & l^2 \end{bmatrix} \tag{A.7}$$

Die Gesamtsteifigkeitsmatrix des Balkenelements (K_{b}) berechnet sich nach Gl. (A.8) [STEI07] aus der Addition der Einzelmatrizen.

$$[K_{\mathrm{b}}] = \frac{G \cdot A_b}{4 \cdot \kappa \cdot l} \begin{bmatrix} 4 & 2l & -4 & 2l \\ 2l & \epsilon + l^2 & -2l & l^2 - \epsilon \\ -4 & -2l & 4 & -2l \\ 2l & l^2 - \epsilon & -2l & \epsilon + l^2 \end{bmatrix} \qquad \text{mit } \epsilon = 4 \cdot \kappa \frac{E \cdot I}{A_b \cdot G} \tag{A.8}$$

Berechnung der Verringerung der Hertz´schen Druckellipsenfläche

Anhand der in Bild A.2 abgebildeten Geometrie lässt sich ein formaler Zusammenhang der Verringerung der Druckellipse für den Kontakt der Kugel mit der Gewindelaufbahn der KGT-Mutter aufzeigen.

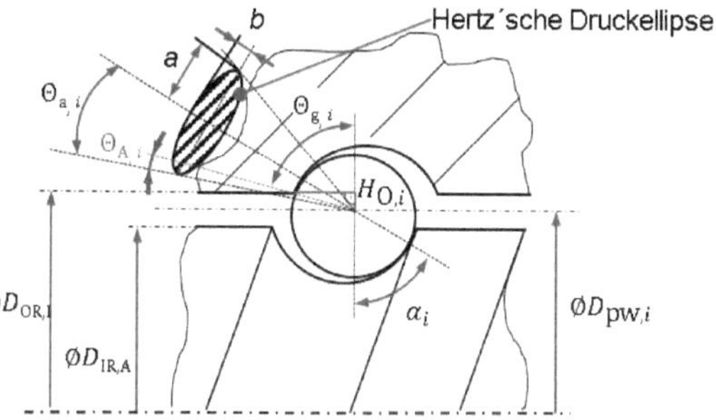

Bild A.2: Definition des Gewindegrunddurchmessers der KGT-Spindel und KGT-Mutter
Definition of the thread root diameter of spindle and ball nut

Gl. (A.9) stellt den maximalen Schulterwinkel $\theta_{g,i}$ der Gewindelaufbahn der KGT-Mutter dar. Der maximale Schulterwinkel entspricht dem Winkel zwischen der Lotrechten durch den Kugelmittelpunkt und dem Eckpunkt der Gewindelaufbahn.

$$\theta_{\mathrm{g},i} = arccos\left(\frac{2 \cdot H_{\mathrm{O},i}}{D_{\mathrm{w}}}\right) \tag{A.9}$$

Die eingeführte Hilfsgröße $H_{\mathrm{O},i}$ ist die Ankathete des beschreibenden rechtwinkligen Dreiecks und berechnet sich aus der Geometrie des Kugelgewindetriebs nach Gl. (A.10).

$$H_{\mathrm{O},i} = \frac{1}{2} \cdot \left[D_w - \left(D_{\mathrm{pw},i} + D_{\mathrm{w}} - D_{\mathrm{OR,I}}\right)\right] \tag{A.10}$$

Durch Einführung des Halbellipsenwinkels $\theta_{\mathrm{a},i}$ des Wälzkontaktes ist die Ausbreitung der Druckellipse beschreibbar. Der Halbellipsenwinkel (Gl. (A.11)) beschreibt die Breite der halben Druckellipse entlang deren Hauptachse a_i.

$$\theta_{\mathrm{a},i} = \frac{360 \cdot a_i}{\pi \cdot D_{\mathrm{w}}} \tag{A.11}$$

Der Verringerungswinkel ($\theta_{A,i}$) der Druckellipse berechnet sich aus den in den Gl. (A.9) bis Gl. (A.11) berechneten geometrischen Größen sowie dem Kontaktwinkel des Wälzkontakts nach Gl. (A.12).

$$\theta_{\mathrm{A},i} = \theta_{\mathrm{g},i} - \left(\alpha_i + \theta_{\mathrm{a},i}\right) \tag{A.12}$$

Resultiert die Anwendung von Gl. (A.12) in einem positiven Berechnungsergebnis, liegt eine Verringerung der Druckellipse vor. Für negative Berechnungsergebnisse weist der Wälzkontakt keine Verringerung auf.

Tabellen der experimentell wie rechnerisch ermittelten Teilbereichssteifigkeiten

Tabelle A 1: Experimentell und rechnerisch ermittelte Teilbereichssteifigkeiten von KGT 2
Experimentally and simulative determined partial stiffnesses of ball screw no. 2

	Teillastbereich in N	Axialsteifigkeit in N/µm - Messposition 1		Axialsteifigkeit in N/µm - Messposition 2	
		experimentell	simulativ (% Abweichung)	experimentell	simulativ (% Abweichung)
1	0 bis 1.500	650,28	689,05 (ca. 5%)	2.431,20	2.174,329 (ca. 11%)
2	1.500 bis 3.000	744,18	699,24 (ca. 7%)	1.874,35	2.199,01 (ca. 17%)
3	3.000 bis 4.500	784,06	703,15 (ca. 11%)	2.327,84	2.188,98 (ca. 6%)
4	4.500 bis 6.500	813,45	706,20 (ca. 14%)	2777,30	2.164,64 (ca. 23%)
5	-4.500 bis -3.000	516,95	635,18 (ca. 22%)	1.427,57	1.966,89 (ca. 37%)
6	-3.000 bis -1.500	533,04	661,35 (ca. 24%)	1.567,60	2.075,23 (ca. 32%)
7	-1.500 bis 0	639,22	678,57 (ca. 6%)	1.994,38	2.139,54 (ca. 7%)

Tabelle A 2: Experimentell und rechnerisch ermittelte Teilbereichssteifigkeiten von KGT 3

Experimentally and simulative determined partial stiffnesses of ball screw no. 3

Teillastbereich in N		Axialsteifigkeit in N/µm - Messposition 1		Axialsteifigkeit in N/µm - Messposition 2	
		experimentell	simulativ (% Abweichung)	experimentell	simulativ (% Abweichung)
1	0 bis 1.500	574,00	598,85 (ca. 4%)	1.379,15	1.329,41 (ca. 4%)
2	1.500 bis 3.000	607,22	602,45 (ca. 1%)	1.624,45	1.331,52 (ca. 19%)
3	3.000 bis 4.500	653,68	604,68 (ca. 8%)	1.723,71	1.329,11 (ca. 23%)
4	4.500 bis 6.500	641,76	604,75 (ca.6 %)	1.714,28	1.318,73 (ca. 24%)
5	-4.500 bis -3.000	456,10	575,90 (ca. 26%)	1.240,94	1.277,92 (ca. 3%)
6	-3.000 bis -1.500	588,55	575,90 (ca. 1%)	1.322,66	1.302,40 (ca. 1%)
7	-1.500 bis 0	558,29	593,68 (ca. 6%)	1.243,31	1.320,43 (ca. 6%)

Tabelle A 3: Experimentell und rechnerisch ermittelte Teilbereichssteifigkeiten von KGT 4

Experimentally and simulative determined partial stiffnesses of ball screw no. 4

	Teillastbereich in N	Axialsteifigkeit in N/µm - Messposition 1		Axialsteifigkeit in N/µm - Messposition 2	
		experimentell	simulativ (% Abweichung)	experimentell	simulativ (% Abweichung)
1	0 bis 1.500	798,82	740,64 (ca. 8%)	2.559,75	2.361,11 (ca. 8%)
2	1.500 bis 3.000	715,68	748,83 (ca. 5%)	2.158,83	2.424,04 (ca. 12%)
3	3.000 bis 4.500	772,68	750,91 (ca. 3%)	2.224,26	2.337,64 (ca. 5%)
4	4.500 bis 6.500	781,30	753,71 (ca. 4%)	2.396,71	2.371,46 (ca. 2%)
5	-4.500 bis -3.000	648,27	708,25 (ca. 9%)	2.030,73	2.240,56 (ca. 10%)
6	-3.000 bis -1.500	699,15	723,70 (ca. 3%)	2.261,99	2.301,16 (ca. 6%)
7	-1.500 bis 0	736,25	732,72 (ca. 1%)	2.150,55	2.336,73 (ca. 8%)

Tabelle A 4: Experimentell und rechnerisch ermittelte Teilbereichssteifigkeiten von KGT 5
Experimentally and simulative determined partial stiffnesses of ball screw no. 5

	Teillastbereich in N	Axialsteifigkeit in N/µm - Messposition 1		Axialsteifigkeit in N/µm - Messposition 2	
		experimentell	simulativ (% Abweichung)	experimentell	simulativ (% Abweichung)
1	0 bis 1.500	693,70	666,35 (ca. 4%)	1514,82	1660,17 (ca. 3%)
2	1.500 bis 3.000	687,91	670,06 (ca. 3%)	1683,53	1660,54 (ca. 2%)
3	3.000 bis 4.500	739,13	673,96 (ca. 9%)	2133,21	1657,50 (ca. 23%)
4	4.500 bis 6.500	754,37	672,62 (ca. 11%)	2111,98	1629,34 (ca. 23%)
5	-4.500 bis -3.000	572,81	629,97 (ca. 9%)	1471,48	1560,78 (ca. 6%)
6	-3.000 bis -1.500	644,09	645,07 (ca. -%)	1310,77	1607,80 (ca. 22%)
7	-1.500 bis 0	617,34	658,15 (ca. 6%)	1964,76	1642,58 (ca. 17%)

In der Reihe **Ergebnisse aus der Produktionstechnik** zuletzt erschienen:

Busch, Max:
Intelligente Produktionsplanungsprozesse im Werkzeugbau
ISBN: 978-3-98555-095-1
Erscheinungsdatum: 14.07.2022

Fölling, Carsten:
Komplexitätsbeherrschung durch hybride Montageplanung
ISBN: 978-3-98555-090-6
Erscheinungsdatum: 30.06.2022

Ays, Johanna:
Kontextbasierte Integration agiler und plangetriebener Entwicklungsprozesse
ISBN: 978-3-98555-087-6
Erscheinungsdatum: 23.06.2022

Maslo, Semir:
Simulation of the Dynamic Vibration Behaviour and Spindle Speed Optimization During the Milling Process of Turbomachinery Components
ISBN: 978-3-98555-082-1
Erscheinungsdatum: 25.05.2022

Goertz, David:
Gestaltungsmodell für eine vernetzte adaptive Montage im Werkzeugbau
ISBN 978-3-98555-072-2
Erscheinungsdatum: 05.05.2022

Eßer, Bastian:
Analyse des Betriebsverhaltens von Kugelgewindetrieben unter statischen axialen Betriebslasten
ISBN: 978-3-98555-065-4
Erscheinungsdatum: 11.07.2022

Schulz, Martin:
Optimierung des Temperaturfeldes beim Laserstrahlhärten
ISBN: 978-3-98555-078-4
Erscheinungsdatum: 23.06.2022

Ebade Esfahani, Matthias:
Ontologie der Fabrikplanung mit Hilfe von Building Information Modeling (BIM)
ISBN: 978-3-98555-084-5
Erscheinungsdatum: 07.06.2022

Schmitz, Seth:
Datenbasierte Beschreibung der Prozessperformance in der Auftragsabwicklung
ISBN: 978-3-98555-079-1
Erscheinungsdatum: 19.05.2022

Scholz, Paul:
Applikation maschinell lernender Systeme in der vernetzten adaptiven Produktion
ISBN 978-3-98555-069-2
Erscheinungsdatum: 28.04.2022

Edition Wissenschaft
Apprimus

Wollbrink, Moritz:
Methodik zur Integration pulverbettbasierter additiver Fertigungstechnologien in Fertigungsprozessketten
ISBN 978-3-98555-070-8
Erscheinungsdatum: 22.04.2022

Menges, Alexander:
Bewertung von Produktvarianten mittels Process Data Mining
ISBN 978-3-98555-066-1
Erscheinungsdatum: 13.04.2022

Krauß, Jonathan:
Optimizing Hyperparameters for Machine Learning Algorithms in Production
ISBN 978-3-98555-020-3
Erscheinungsdatum: 13.04.2022

Schwenzer, Max:
Closing the Loop of Model Predictive Force Control in Milling with Ensemble Kalman Filtering
ISBN 978-3-98555-057-9
Erscheinungsdatum: 11.04.2022

Gützlaff, Andreas:
Entscheidungsprozess zur kontinuierlichen Gestaltung von Produktionsnetzwerken
ISBN 978-3-98555-058-6
Erscheinungsdatum: 22.03.2022

Patzwald, Marc:
Entwicklung von Technologiestrategien in einem volatilen Unternehmensumfeld
ISBN 978-3-98555-044-9
Erscheinungsdatum: 16.03.2022

Ochs, Jelena Katherina:
Model-Based Process Prediction for Predictive-Reactive Scheduling in Automated Stem Cell Production
ISBN 978-3-98555-059-3
Erscheinungsdatum: 22.04.2022

Fränken, Bastian:
Standortrollen in Produktionsnetzwerken
ISBN 978-3-98555-052-4
Erscheinungsdatum: 13.04.2022

Schäfer, Alexander:
Werkzeugseitiger Einsatz von NiTi-FGL zur Verbesserung der dynamischen Prozessstabilität bei der Fräsbearbeitung
ISBN 978-3-98555-060-9
Erscheinungsdatum: 11.04.2022

Grünebaum, Timm:
Methodik zur Gestaltung von Technologieketten und Prozessfolgen nach lebensphasenübergreifend ökologisch-ökonomischen Kriterien
ISBN 978-3-98555-043-2
Erscheinungsdatum: 24.03.2022

Hardt, Marvin:
Modeling the Material Behavior under Metal Cutting Conditions
ISBN 978-3-98555-045-6
Erscheinungsdatum: 16.03.2022

Buschhoff, Clemens:
Beitrag zur Qualitätssicherung beim in-situ Tape-Legen komplexer Laminate
ISBN 978-3-98555-047-0
Erscheinungsdatum: 14.03.2022

Edition Wissenschaft
Apprimus

MIX
Papier | Fördert
gute Waldnutzung
FSC® C083411

Zeitfracht Medien GmbH
Ferdinand-Jühlke-Straße 7
99095 Erfurt, Deutschland
produktsicherheit@kolibri360.de